肉牛
性能测定技术手册

Technical Manual of Beef Cattle Performance Test

全国畜牧总站　编

中国农业出版社
农村读物出版社
北京

图书在版编目（CIP）数据

肉牛性能测定技术手册．/全国畜牧总站编．—北京：中国农业出版社，2019.12
ISBN 978-7-109-26385-7

Ⅰ．①肉…　Ⅱ．①全…　Ⅲ．①肉牛-性能-测定　Ⅳ．①S511.037

中国版本图书馆CIP数据核字（2019）第264312号

ROUNIU XINGNENG CEDING JISHU SHOUCE

中国农业出版社出版
地址：北京市朝阳区麦子店街18号楼
邮编：100125
责任编辑：刁乾超　　文字编辑：赵冬博
版式设计：王　怡　　责任校对：吴丽婷　　责任印制：王　宏
印刷：中农印务有限公司
版次：2019年12月第1版
印次：2019年12月北京第1次印刷
发行：新华书店北京发行所
开本：787mm×1092mm　1/16
印张：5.75
字数：150千字
定价：58.00元

编 委 会

编写人员

主　　编　杨红杰　高　雪
副 主 编　李　姣　陈　燕　汪聪勇
编　　委　马金星　朱　波　王洪宝　吴　健　杨润军
　　　　　彭增起　高会江　赵小丽　郭凯军　田全召
　　　　　田双喜　邱小田　段忠意　周元清　关　龙
　　　　　秦雅婷　李　超　郭　杰　薛泽冰
主　　审　李俊雅　赵玉民　昝林森

前　言
Forewords

"畜牧发展，良种为先"。畜禽良种对畜牧业发展的贡献率超过40%，是畜牧业核心竞争力的主要体现。党中央国务院高度重视种业发展，习近平总书记指示，要下决心把我国种业搞上去，抓紧培育具有自主知识产权的优良品种。2019年中央1号文件明确指出，推动生物种业等自主创新，继续组织实施畜禽良种联合攻关。新时代畜禽种业的发展应以科技创新为引领，全面提升优良种畜禽的自主培育能力。

选育优秀种牛是提高肉牛群体遗传水平和生产性能的关键一步，科学开展性能测定就是决定这一步能不能迈得稳的先决条件。世界肉牛业发达国家发展历程显示，性能测定在培育优秀种公牛、提升带动肉牛生产水平等方面发挥着重要作用。2010年以来，我国先后颁布了《肉用种公牛生产性能测定实施方案（试行）》《全国肉牛遗传改良计划（2011—2025年）》和《〈全国肉牛遗传改良计划（2011—2025年）〉实施方案》，肉牛育种体系正在逐步完善。就整体而言，我国肉牛种业起步较晚，育种群体规模小，饲养管理分散，育种基础薄弱，尤其是性能测定不系统、不规范，可用性状表型数据有限，已成为育种工作最薄弱的环节。

为此，我们编写了《肉牛性能测定技术手册》一书，力求通过深入浅出的文字和直观实用的图片，详细介绍品种登记和主要性状测定方法与工作流程。同时结合牛场实际，重点总结提出性能测定管理的相关内容，帮助育种企业将牛只性能测定有效融入日常管理，使育种工作日常化、规范化。此外，本书还提出了肉用种牛体型线性评定、后裔测定和全基因组评估方法，为部分创新性育种企业与科研人员深入开展自主育种提供参考。本书图文并茂，实用性、可操作性强，可作为种公牛站、核心育种场及繁育场等生产管理与技术人员的工作手册。

由于编写时间仓促，未能广泛征求同行专家学者与从业人员的意见，如有不妥之处，敬请及时提出宝贵意见和建议，以便今后完善本书。

编者
2019年10月

目 录
Contents

第一章 | 概 论
CHAPTER 1

肉牛生产性能测定（Beef Cattle Performance Test）是指对肉牛个体具有特定经济价值的某一性状的表型值进行评定的一种育种措施，是肉牛育种中最基础的工作。目前，我国肉牛育种群规模小，饲养管理分散，育种基础薄弱，可用性状表型数据有限，建立科学完善的性能测定体系显得尤为重要。生产性能测定直接关系育种的效果与成败，是我国肉牛遗传改良必不可少的重要内容。

第一节 基本原则与测定形式

性能测定表型数据既可用于评价肉牛群体的生产水平、开展肉牛个体遗传评定、估计群体遗传参数，也可为评价不同的杂交组合提供信息。只有严格按照科学、系统和规范的规程实施生产性能测定，才能为肉牛育种提供全面、可靠的信息，否则将降低工作效率，甚至偏离育种目标。

一、基本原则

性能测定工作一般应坚持以下原则：

1. 测定性状应具有足够的经济意义　肉牛育种目的是通过种群的遗传改良使生产者获得更大的经济效益，因而选择测定性状时，要充分考虑其经济学意义。同时，随着市场的变化和技术的发展，应适时调整测定性状，改进测定方法，有条件的可以使用先进的记录管理系统。

2. 测定结果应具有客观性和可靠性　性能测定工作一般由政府职能部门进行监督管理，育种企业和联合育种组织具体实施与配合，并定期开展组织交叉互查。

3. 测定标准及操作应具有规范性　同一性状测定标准和技术规范须一致。同一个育种方案中，性能测定工作须统一实施；同一育种场内尽量做到专人负责、固定技术人员操作。

4. 测定实施应具有连续性和长期性　群体的遗传机能具有趋于平衡回归的自然机制，只有长期坚持性能测定，才能巩固选择效果，否则就可能退化。

二、测定形式

（一）根据测定场地不同，分为测定站测定与场内测定

1. 测定站测定（Station Test）　指将所有待测个体集中在一个专门化的性能测定站或某一特定牧场，在一定的时间内统一进行测定。其优点是控制了环境条件的变异，中立性和

客观性强，便于特殊设备的配备和管理（如自动计料器）。其缺点是成本较高，测定规模有限且易传播疾病；在遗传与环境互作下，站内测定结果与实际情况会产生一定偏差，代表性不强。目前，测定站测定主要用于测定一些需要大量人力或特殊设备才能测定的性状，如采食量、饲料转化效率、胴体品质性状等。

2.场内测定（On-farm Test） 指直接在各个生产场内进行性能测定，不要求在同一时间内进行。其优缺点正好与测定站测定相反。此外，在各场间缺乏遗传联系时，场内测定结果不具有可比性，不能进行跨场遗传评估。因此，在实际操作中尽可能建立场间遗传联系，以便于跨场际间的遗传评估。随着人工授精技术的普及应用和遗传评定方法的深入发展，以上缺点得以有效克服。目前场内测定是我国也是国际上肉牛性能测定的主要形式。

（二）根据被测定对象与进行遗传评定个体间的关系，分为个体测定、同胞测定和后裔测定

对肉牛而言，自然情况下全同胞很少，通常以个体测定和后裔测定为主。

1.个体测定（Individual Test） 是指测定对象为需要进行遗传评定的个体本身。对于后备种牛，个体测定仅限于生长发育性状、繁殖性状和超声波活体测定等性状，不进行屠宰性状和胴体性状测定。

2.后裔测定(Progeny Test) 是指根据公牛后裔的生产性能测定记录，体型外貌评分以及繁殖、健康等功能性状相关数据，对公牛各性状育种值进行估计，以此评定公牛种用价值。优秀种公牛的价值最终体现在其后裔的性能和品质上。因此，后裔测定是目前评定种公牛种用价值最科学、最准确的方法。

第二节　国外肉牛性能测定发展历程

欧美、日韩等发达国家肉牛育种主要通过三个技术手段完成，一是注册登记，建立档案；二是性能测定，体型分级；三是育种值评估。其中性能测定是肉牛育种最基础和关键的措施。下面以欧美专门化肉牛品种和日本和牛为例介绍一下国外肉牛性能测定发展历程。

一、欧美专门化肉牛品种

欧美肉牛性能测定工作最早可追溯至19世纪中期海福特牛、安格斯牛等专门化肉用牛品种的选育。19世纪中后期到20世纪20年代，英国先后建立了海福特牛和安格斯牛纯种登记簿，进行良种登记。根据系谱信息对"封闭式"良种登记种公牛个体的体尺、体重等表型性状开展测定站测定。20世纪50年代，随着数量遗传学、生物统计学的兴起和发展，逐步采用场内测定方法对海福特牛和安格斯牛育种群母牛和断奶前公牛的生长发育等遗传力较高的性状进行表型测定和选择；对候选公牛主要在公牛测定站进行繁殖性状和生长发育性状的测定。之后逐步开展公牛后裔和同胞的屠宰、胴体及肉质性状的系统测定，并结合其体型外貌评分对种牛进行遗传评估和选择。从此生产性能测定在海福特牛和安格斯牛种牛遗传评估和群体经济性状遗传参数估计方面得到了广泛应用。

20世纪80年代，随着最佳线性无偏预测法（Best Linear Unbiased Prediction, BLUP）的广泛应用和人工授精技术的普及，不同牛场个体间建立了遗传联系，场内测定逐渐成为世

界各国肉用牛生产性能测定的主要方式。20世纪后期，超声波活体测定技术的出现，使得肉牛胴体性状在活体阶段测定成为可能。通过超声波活体测定技术在种牛的活体背膘厚、眼肌面积、大理石花纹级别和肌内脂肪含量等性状测定方面的高效应用，肉用种公牛早期选择的效率得到了提高。以上的新测定技术和遗传评定方法对海福特牛和安格斯牛早熟性、饲料利用率和肉品质性能的选育提升发挥了重要作用。

随着分子生物学和基因组计划的发展，遗传标记辅助选择和全基因组选择技术逐渐成熟，开始应用于肉牛群体遗传评估和种公牛的早期选育。标记辅助选择有效加快了肉牛的遗传进展，但由于肉牛重要经济性状受多基因控制，而精细定位的已知标记和主效基因数量有限，无法在肉牛育种工作中大规模推广。2001年Meuwissen和Goddard提出全基因组选择（Genomic Selection，GS）方法，利用高密度单核苷酸多态性（Single Nucleotide Polymorphisms，SNP）标记对影响目标性状的所有基因同时进行选择。该方法可实现种牛的早期选择，增加选择强度，缩短世代间隔，获得较高的遗传进展，目前在畜禽育种中得到广泛应用。2003年，多个国家联合启动了"牛基因组测序计划"，2009年正式公布第一头牛（海福特牛）的全基因组序列。同年，在安格斯牛群体中进行了全基因组选择，利用Bovine SNP50芯片对698头安格斯阉牛和1 707头安格斯公牛进行基因分型，估计基因组育种值（Genomic Estimated Breeding Value，GEBV）。饲料转化效率、平均日采食量、日增重和剩余采食量等性状，GEBV估计育种值可靠性在50%～67%，而采用系谱指数的估计育种值可靠性仅为34%。2011年，美国发布了2 000头人工授精安格斯公牛的基因组育种值。全基因组选择技术的辅助应用在一定程度上提高了安格斯种牛遗传评估的准确性。

二、日本和牛

日本于1887年引进欧洲肉牛品种与当地牛持续杂交，于1920年开始闭群选育，培育日本自己的品种。到1944年，经选育确定了黑毛和牛、褐毛和牛和无角和牛3个和牛品种。在选育期间，各府县建立和牛登记建籍制度，坚持持续性能测定并记载每头牛的系谱信息和生长资料，提高了和牛的产肉能力和肉品质。根据性能测定数据在群体中选留优秀公、母牛自繁，对后代选优汰劣，提高和牛的一致性。1950年，成立了"日本和牛测定协会"，负责牛只生长、外貌特征系统测定并记载入册。1962年，制订了《和牛体型审查标准》并组建了6个繁育种牛协会及30个下属分会，负责全群牛的注册、种牛选留、评定、配种计划、冻精分配等职责，并由村、镇、县级专家组执行实施。和牛注册种牛（公、母）分为四级：基础级、保留级、高性能（优良）级、种子级。保留级和种子级牛是保护、保持群体发展的基础性核心群体，其评分判别以目测和体量测定的最后评分为注册登记标准。

1960年，在全国逐步推行和牛的人工授精技术，并逐渐制订、完善了和牛后裔测验程序。1968年，公牛生长性能测定和公牛后裔测验的双测检验在全日本正式推行，并规定使用的种公牛必须经过双测检验，即①生长性能测定：小公牛7～8月龄时，给予一致且良好的营养，单栏饲喂112天，测定并根据其生长成绩进行后裔测定；②后裔测验：对生长测定结果评判为"优良"的小公牛进一步实施后裔测验。选其7～8月龄的后裔子代小公牛8～10头，阉割后育肥364天，以育肥期的生长发育表现及胴体性状测定为"优良"的公牛作为种子公牛。日本和牛培育过程中，坚持对牛只的生长、繁殖、育肥等性状进行严格双测检验测定登记，同时注重胴体质量性状的系统选育，并于1980年培育形成了体格中等、外貌一致、骨骼细致、大理石纹细腻的日本特色肉用型和牛品种。

从1991年开始，日本和牛登记协会从全国和牛胴体市场收集统一标准评价的胴体数据，采用动物模型BLUP法对各道府县的和牛养殖场6个胴体评级数据进行育种值评估。之后，基于和牛完整的性能测定记录和完善的系谱信息，将动物模型BLUP法进一步应用于和牛的繁殖、饲料利用率等性状遗传能力和育种值的评估，扩大了评估群体规模，提高了性状育种值评估的准确性。为了进一步评价种公牛的产肉性能和遗传能力，日本和牛测定协会要求各育种机构采用超声波诊断技术活体测定种牛的产肉性状，主要包括眼肌面积、背最长肌肌间脂肪分布、背膘厚等性状。该技术的应用能够选出肉质性能好，特别是脂肪沉积能力强的和牛个体，同时也可以提前淘汰产肉能力差的个体，逐步提升和牛群体的生产性能。2000年，东北家畜改良中心采用X射线CT系统对和牛脂肪沉积和分布等性状进行活体测定，提高了脂肪沉积影像的分辨率和评估的准确度。

和牛遗传改良过程中，种公牛的选择需要经历亲本的选择、公牛本身的性能测定、后裔测定、育种值的估计，需要5年以上的时间。为了缩短世代间隔，提高育种值估计的准确性，农林水产省2013年开展了黑毛和牛的全基因组选择工作。从东京、大阪、北海道、宫城等9个地区收集了6 181头去势育肥和牛样本以及6个肉用性状（胴体重、眼肌面积、腹部肉厚、脂肪厚、估计产量和脂肪沉积等级）的表型数据记录。用Bovine LD、Bovine SNP50芯片检测，基因组最佳线性无偏估计GBLUP方法计算GEBV，获得了6个目标性状的GEBV和育种值之间的相关系数。胴体重、眼肌面积、腹部肉厚、脂肪厚、估计产量和脂肪沉积等级的相关系数分别为0.92、0.78、0.71、0.69、0.85和0.93，均具有较高的相关性。并获得了3.4万个SNP遗传位点，结合系谱信息，采用GBLUP法准确计算黑毛和牛公牛的基因组育种值。2015年开始，日本和牛性能测定协会在全国范围内开展联合性能测定，收集性状表型值，以扩大和牛全基因组选择的资源群体和验证群体，进一步提高GEBV的准确性和有效性。同时，和牛育种机构将利用资源群体筛查黑毛和牛繁殖力、抗病性等性状特异SNP，定制黑毛和牛群体特定的SNP高密度芯片，以进行更准确的全基因组选择和遗传评估。

第三节　国内肉牛性能测定发展历程

我国肉牛产业大致可分为4个阶段。

第一阶段，中华人民共和国成立初至20世纪70年代中期，可称为"产业空窗期"，以牧区养牛为主，饲养乳、肉、役兼用牛；农区少量集体饲养黄牛以补充役用（此期间马为农区主要畜力）。随着人工授精技术的推广，牧区培育的中国草原红牛、三河牛、新疆褐牛等兼用品种均基本成形。

第二阶段，20世纪70年代中后期至20世纪90年代中期，由于联产承包、分田到户、畜力需求增加，农民养牛数量迅速增加，但主要目的仍是用于使役。此期间引进西门塔尔牛等品种开展大面积杂交改良，形成肉牛业全面发展的雏形，或称"役肉转型的过渡期"。

第三阶段，20世纪90年代中后期至20世纪末，称为"产业形成期"。由于农业机械化发展，黄牛逐渐转变为肉用。由于大量的存栏底数，牛肉产量快速上升；多地开始引进国外专门化肉用品种与地方牛种杂交，以提高牛肉产量；规模化肉牛生产普遍展开，肉牛业发展步入正规。

第四阶段，21世纪初期，即"稳步发展期"。本阶段的主要特征是杂交被普遍使用，杂交群体逐步扩大，肉牛屠宰加工业快速发展，在杂交群体的基础上培育新品种。

围绕产业发展的4个阶段，本节具体讲述肉牛生产性能测定在地方黄牛选育提高、新品种培育中的作用及发展过程。

一、地方黄牛品种

20世纪70年代以前，我国集体或国营牧场饲养的品种以秦川牛、鲁西牛等五大良种黄牛为主，具有体躯较小、外貌清瘦、皮薄骨细、尻部尖斜的特征，属于役用型或役肉兼用型。各品种育种方向不够明确，没有统一测定与鉴定方法，肉用性能测定工作没有得到充分重视与应用。

1975年，在农林部组织协调下，成立了全国黄牛选育协作组。1979年，根据农业部(79)农业（牧）第42号文件《关于成立优良种畜禽品种育种委员会的通知》有关精神，成立"中国良种黄牛育种委员会"，明确了各品种育种方向——肉役兼用，统一了鉴定方法和良种登记办法。陕西、山东、河南、山西、吉林等省在中心产区先后成立了各品种育种委员会，建立了黄牛良种基地、省县两级黄牛原种场及繁育站，大力推广牛冷冻精液人工授精技术，实施群选群育。至此，标志着我国黄牛选育进入了新阶段，肉牛生产性能测定在肉役兼用的育种工作中开始发挥更大作用。

以秦川牛选育为例。20世纪50年代中期至70年代中期，中心产区建有13个良种基地县和5个省、县牛场进行重点选育。但是选育方向主要是役肉兼用，主要进行等级鉴定，并开展消化代谢、生理生化、生长发育规律等内容研究。70年代中期至80年代初期，陕西省秦川牛选育协作组成立，先后制定了秦川牛选育方案、鉴定方法等规范制度，在体尺等级标准评定中，增加"坐骨端宽"，并以体重等级作为生产性能指标，而且实施了多性状加权的总性能指数和综合指数选择，使秦川牛逐渐朝肉用方向发展。80年代初至90年代末，提出了秦川牛生产技术规范，在加强秦川牛肉用选育工作的同时，针对秦川牛尻部尖斜、后躯肌肉欠丰满、优质牛肉切块少等本品种选育短期内无法解决的问题，开始开展导入外血，对秦川牛进行杂交改良。

21世纪初，秦川牛、鲁西黄牛、南阳牛等地方良种黄牛逐步开展了超声波活体测定、肉用性状候选基因和遗传标记的筛选及标记辅助选择等工作。但限于群体规模、系谱信息登记及性状表型值的准确性等相关工作尚不完善，我国各地方良种黄牛的全基因选择和遗传评估尚未开展。

二、培育品种

从20世纪50年代开始，我国从国外引进西门塔尔牛、短角牛、瑞士褐牛、荷斯坦牛等品种，与我国地方黄牛品种进行杂交改良，经长期性能测定、选种选配、横交固定培育新品种。先后于1982年、1983年、1985年和2002年、2011年育成了三河牛、新疆褐牛、中国草原红牛、中国西门塔尔牛和蜀宣花牛5个兼用牛品种。2007年、2008年、2009年、2014年分别育成了夏南牛、延黄牛、辽育白牛和云岭牛4个专门化肉牛品种。

以中国西门塔尔牛的培育为例，概述我国牛新品种选育工作中性能测定发展历程。

自1959年起西门塔尔牛引入我国，到2002年正式命名为中国西门塔尔牛，历时45年。期间先后经历过对其性能的初步考察、选择、扩繁和全国联合加速纯种扩繁与杂交改良等阶段。为了组织西门塔尔牛全国划区和联合育种，于1981年成立了中国西门塔尔牛育种委员会，制定了中国西门塔尔牛育种方案和品种鉴定施行方案，组织、开展了全国优良种牛的登记和鉴定工作。

西门塔尔牛种公牛后裔测定是选择种公牛的关键措施，育种委员会于1981年开展了第一次全国联合后裔测定会议，1982年正式成立西门塔尔牛后裔测定领导小组；继第一次全国西门塔尔牛后裔测定后，分别于1984年和1987年在湖北武汉、河北秦皇岛召开了第二、第三次全国种公牛后裔测定会议，在这两次后裔测定结果中选出19头优良种公牛，从而为我国西门塔尔牛纯繁奠定了遗传基础。为使种公牛后裔测定制度化和规范化，1986年在武汉总结全国第一次种公牛后裔测定实施情况时，初步制定了"中国西门塔尔牛后裔测定暂行规范"，而后又加以补充和完善。1981—1987年后裔测定结果表明，经后裔性能测定证实双亲育种值高的种牛能在遗传上比上一世代产奶量进展100千克左右，达到了世界奶牛的遗传进展水平。在坚持以人工授精技术为主的种公牛后裔测定方案的同时，还结合胚胎移植技术提高种子母牛利用强度，加快了中国西门塔尔牛选育的遗传进展。

20世纪90年代初，以内蒙古、新疆、吉林、黑龙江、四川等省份的纯种西门塔尔牛种畜场为主，结合分布于20多个省、区、市冷冻精液站的种公牛，进行产奶量、乳脂率、体重的性能测定和外貌鉴定。在完善种畜场性能登记制度的基础上，进行了谱系育种值测定，制定了种公牛后裔测定方法，依据性状表型数据选择纯繁公牛。对母牛按欧洲标准将西门塔尔牛前20%的优良个体纳入育种群，采用预期差法（Predicted Difference，PD）测定中国西门塔尔牛的遗传参数。20世纪90年代中期，公布了中国西门塔尔牛的总性能指数（Total Performance Index，TPI）实用公式，将产奶量、乳脂率、外貌评分和体重的预期差值纳入总指数，对产奶季节、胎次都作了校正，排除了畜群、年度和季节的影响，使预期差法PD值更加准确。同时为防止西门塔尔牛总数少、头数少、牛场少的现状给种公牛后裔测定可能带来的影响，采用BLUP计算育种值，用年度因子代替场因子，克服因场、年度不同造成的产奶量变化较大的影响。

21世纪初，随着全基因组技术的提出，西门塔尔牛构建了基因组参考群，并将该技术引入到西门塔尔牛选育中。目前利用优化的Bayes和GBLUP方法完成了15家公牛站共计1 234头西门塔尔青年公牛基因组育种值的评估，准确性达到0.41～0.74，为我国肉牛基因组选择的实施提供了理论和技术支撑。

三、性能测定现状

2010年，农业部颁布了《肉用种公牛生产性能测定实施方案（试行）》（农办牧〔2010〕56号）。随后发布了《全国肉牛遗传改良计划（2011—2025年）》（农办牧〔2011〕46号）（以下简称《改良计划》)和《〈全国肉牛遗传改良计划（2011—2025年)〉实施方案》(农办牧〔2012〕43号)。3个文件的发布，明确了以提高个体牛肉产量和牛肉品质为主攻方向，强化了种公牛生产性能测定工作的重要性。同时成立了全国肉牛遗传改良计划工作领导小组及专家组，具体指导核心育种场和种公牛站建设、肉牛生产性能测定体系和人工授精体系建设与完善、品种登记、遗传评估等工作。

种公牛站和国家肉牛核心育种场等育种单位自行开展场内测定，负责个体生产性能测定数据收集与报送；国家肉牛遗传评估中心负责对各育种单位报送的数据进行分析和评估；全国畜牧总站负责测定工作组织实施和评估结果审查与发布；国家及省级行政主管部门及畜牧技术支撑机构负责行政区域内肉牛生产性能测定工作的管理与指导。

（一）个体测定

种公牛站、国家肉牛核心育种场是我国肉牛育种体系的基础，也是肉牛生产性能测定的基本单元。随着《改良计划》深入推进，种公牛站、核心育种场建设更加规范，种公牛、核心群母牛等育种群体规模和种牛质量不断提高，目前基本实现全群参测（图1-1）。

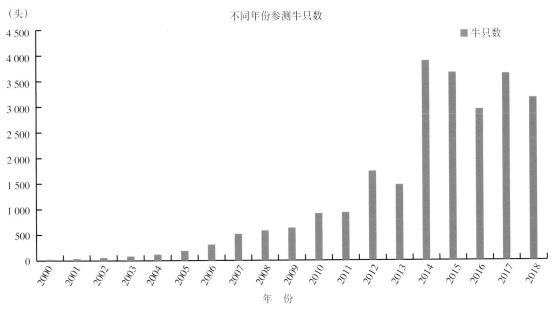

图1-1　2000—2018年全国种公牛站和国家肉牛核心群育种场参测牛只数

截至2018年12月，共有70多个场站共计26 321头肉牛参与生产性能测定，包括43个普通牛品种，其中12个地方品种、7个培育品种和16个引入品种，8个水牛牦牛品种。各品种主要开展种牛初生、6月龄、12月龄、18月龄和24月龄生长性能测定（表1-1、表1-2）。参与性能测定数量最多的品种是西门塔尔牛，培育品种、地方黄牛、牦牛以及水牛等群体规模较小，参测数量少。目前，国家肉牛遗传评估中心累计收到167万余条生产性能测定数据。

表1-1 种公牛不同发育阶段体重测定一览表

单位：千克，头

品种	初生		6月龄		12月龄		18月龄		24月龄	
	均值±标准差	头数	均值±标准差	头数	均值±标准差	头数	均值±标准差	头数	均值±标准差	头数
西门塔尔牛	45.55±5.35	2 468	201.29±56.6	2 945	446.27±63.6	2 537	632.54±84.93	2 417	780.07±86.7	2 249
夏洛来牛	46.75±6.22	414	225.76±54.79	523	443.91±51.31	475	627.26±67.45	474	779.87±101.03	465
安格斯牛	37.8±4.87	264	207.32±48.01	334	422.46±53.69	280	601.12±68.91	265	766.67±88.42	260
和牛	32.65±5.97	205	188.62±62.92	285	353.19±74.74	236	488.96±82.01	229	578.49±122.68	201
德国黄牛	42.56±5.25	41	226.06±31.13	46	418.93±50.62	41	575.63±51.71	40	729.05±55.24	40
短角牛	38.56±5.12	41	257.29±48.5	41	394.92±49.63	37	543.63±60.65	38	696.58±62.9	36
南德文牛	46.88±7.15	133	206.52±34.13	134	325.85±52.85	129	445.71±62.38	127	579.68±73.28	125
皮埃蒙特牛	39.81±4.17	16	210.53±33.05	19	405.07±52.48	15	571.43±70.45	14	720.93±78.61	14
瑞士褐牛	41.89±4.87	38	164.92±58.63	39	397.27±44.1	33	580.89±45.87	35	757.31±72.64	35
利木赞牛	42.97±5.3	201	224.17±50.49	244	440.72±55.24	210	627.75±79.08	209	773.87±111.3	208
三河牛	45.67±4.89	141	192.87±29.82	164	350.67±51.32	141	525.64±62.24	130	663.35±68.13	116
新疆褐牛	42.08±4.67	71	141.7±23.93	72	403.64±46.86	67	567.54±62.31	61	712.36±66.84	55
辽育白牛	45.22±2.09	23	252.85±30.11	105	507.74±46.24	103	671.82±42.81	93	785.2±58.41	79
延黄牛	40.46±2.22	39	182.08±17.55	41	293.31±35.34	35	413.18±26.43	33	495.81±38.94	32
夏南牛	47.04±3.41	37	185.36±41.93	39	418.18±51.3	39	607.13±54.33	39	796.51±61.52	39

（续）

品种	初生 均值±标准差	头数	6月龄 均值±标准差	头数	12月龄 均值±标准差	头数	18月龄 均值±标准差	头数	24月龄 均值±标准差	头数
蜀宣花牛	40.47±3.77	16	155.09±30.81	16	355.69±39.69	16	519.13±31.24	16	755.79±21.62	14
南阳牛	33±3.42	24	184.75±27.8	25	287.67±48.11	24	393.17±67.69	23	471.56±33.45	16
秦川牛	33.97±1.53	7	80.07±2.09	31	334.57±9.45	7	427.86±18.68	7	520.71±26.52	7
鲁西牛	32.82±6.35	10	196.1±46.76	13	341.3±62.52	10	437±107.23	10	557.5±126.65	10
郏县红牛	40.37±3.4	38	177.87±17.03	38	358.55±38.04	38	465.32±48.99	38	569.42±47.88	38
巫陵牛	22.37±1.64	19	162.68±5.85	19	202.32±8.81	19	264.47±22.03	19	341.79±22.38	19
延边牛	39.71±2.96	52	187.27±29.76	54	297.36±39.32	50	416.64±33.71	47	523.11±51.77	45
云岭牛	30±1.5	9	180.63±3.96	11	410.5±18.16	8	596.27±89.09	11	798.22±58.04	9
牦牛	38.08±3.25	50	134.76±4.78	50	134.76±4.78	50	171.76±4.59	50	256.02±6.92	50
摩拉水牛	39.43±4.12	77	144.44±41.27	119	270.06±71.11	69	406.31±110.28	76	521.05±145.89	77
尼里-拉菲水牛	38.56±4.54	51	141.2±49.34	106	282.71±58.72	42	434.33±90.01	48	542.9±107.07	49
海子水牛	37.27±3.53	15	122±5.59	31	298.36±15.87	11	458.09±24.72	11	654.53±73.4	15
槟榔江水牛	35.04±4.46	13	95.14±21.99	17	159.44±51.02	13	225.9±89.66	13	393.62±79.49	13
意大利奶水牛	41.33±4.37	15	181.13±6.44	17	262.07±10.46	15	325.6±12.18	15	515.5±30.52	16
地中海水牛	42.39±4.28	9	245.56±16.83	40	399.89±17.79	9	546.67±11.55	3	597.78±42.95	9

表1-2 核心群母牛不同发育阶段体重测定一览表

单位：千克，头

品种	初生		6月龄		12月龄		18月龄		24月龄	
	均值±标准差	头数	均值±标准差	头数	均值±标准差	头数	均值±标准差	头数	均值±标准差	头数
西门塔尔牛	42.63±5.35	2 884	207.97±44.16	4 009	350.2±61.07	1 966	446.59±63.49	1 563	526.35±207.97	1 516
安格斯牛	33.56±3.47	1 009	182.09±56.81	2 063	307.91±70.2	894	381.99±72.14	949	466.06±182.09	967
短角牛	37.55±2.79	67	242.38±25.62	312	351.95±38.44	108	446.53±41.32	90	523.48±242.38	82
和牛	27.54±2.67	884	150.46±32.17	890	256.62±43.04	663	339.47±50.23	591	431.4±150.46	524
三河牛	44.76±6.78	139	176.98±35.01	143	282.11±32.6	140	399.61±39.49	139	468.71±176.98	118
新疆褐牛	35.58±5	309	138.24±20.01	309	253.37±34.34	309	338.32±37.75	306	417.89±138.24	274
延黄牛	29.94±3.22	268	158.51±33.95	280	297.8±24.22	252	372.59±40.27	224	467.88±158.51	207
中国西门塔尔牛	41.81±4.7	285	145.81±49.17	288	406.16±40.28	101	540.21±43.62	139	639.54±145.81	120
渤海黑牛	28.27±4.02	168	101.63±20.45	193	201.46±39.75	145	296.96±64.01	131	392.56±101.63	119
晋南牛	23.6±4.02	398	137.56±29.8	605	212.73±45.92	249	289.07±62.31	204	372.47±137.56	182
鲁西牛	25.87±4.14	415	126.34±43.2	535	224.78±42.82	266	295.22±54.32	224	381.16±126.34	215
南阳牛	31.5±5.12	336	152.2±21.87	407	247.7±36.28	201	309.71±37.69	194	372.58±152.2	175
文山牛	21.46±1.88	1 211	94.2±26.5	1 309	169.41±37.57	665	223.06±53.07	516	273.22±94.2	432
延边牛	29.3±3.01	281	157.94±34.42	281	293.69±26.85	268	361.78±35.52	230	442.09±157.94	203
大通牦牛	12.12±2.97	609	89.65±13.19	2 248	99.03±16.99	332	108.89±11.33	274	118.92±89.65	198
摩拉水牛	37.26±6	122	133.24±32.08	335	232.54±32.83	99	302.26±46.46	38	377.42±133.24	32
尼里-拉菲水牛	38.8±5.72	88	127.74±33.03	223	239.75±46.9	52	311.39±32.14	18	369.61±127.74	14

（二）后裔测定

种公牛对牛遗传改良贡献率可达到75%以上，培育和选育优秀种公牛是肉牛群体遗传改良最重要的工作。迄今为止，后裔测定仍然是种公牛遗传评定最准确的方法。2015年，我国成立了首个肉用牛联合后裔测定组织——金博肉用牛后裔测定联合会，由14个种公牛站和5个核心育种场组成，开创了我国肉用种公牛联合后裔测定先河。3年来累计参测公牛71头，建立后裔测定场27家，交换冻精1.6万支，累计产犊2 000余头，育肥351头，屠宰216头。

（三）肉牛遗传评估

2010年国家肉牛遗传评估中心成立，负责全国种牛性能测定数据收集、整理和遗传评估工作的开展。在国家肉牛遗传改良计划领导小组的具体指导下，我国先后发布了中国肉牛选择指数（China Beef Index，CBI）和中国兼用牛总性能指数（Total Performance Index，TPI）。CBI是选取7—12月龄日增重、13—18月龄日增重、19—24月龄日增重和体型外貌评分4个性状，按30：30：20：20比例加权进行遗传评估。TPI是在CBI的4个性状基础上，增加4%乳脂率校正奶量（FCM），CBI和FCM按60：40比例加权而制订的。自2012年起，国家每年发布一次种公牛遗传评估结果，指导全国肉用和兼用种公牛选育及牛群选配。

截至2018年，全国共有4 958头种公牛参与遗传评估（图1-2），种牛遗传进展也是缓慢上升（图1-3）。2010—2018年，6～12月龄日增重育种值平稳增长、12～18月龄日增重估计育种值EBV及18～24月龄日增重EBV总体呈较大幅度上升的趋势，表明我国肉牛遗传改良在日增重等性状方面取得了较为显著的效果。

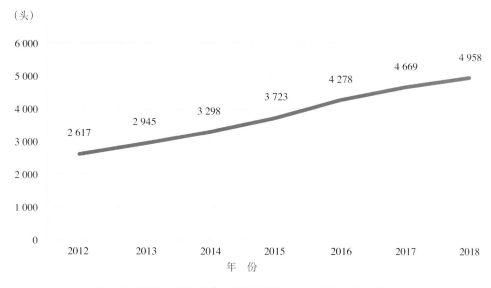

图1-2 2012—2018年参与遗传评估种公牛数量变化趋势

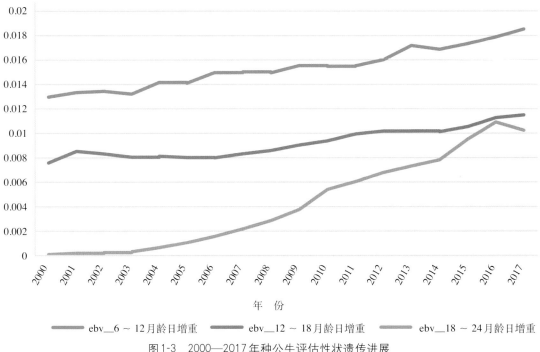

图1-3 2000—2017年种公牛评估性状遗传进展

第二章 | 个体标识与品种登记
CHAPTER 2

第一节　个体标识

在肉牛种群管理和生产过程中需要对每个个体进行标识，肉牛的个体标识具有唯一性，即每个个体有且仅有一个对应的标识。肉牛个体标识是开展个体登记、种群管理、疫病防控和溯源系统建立的重要条件与基础保障。

一、标识种类

肉牛个体标识种类繁多，包括烙号标识、普通可视耳标、条形码标识和电子识别标识等。在诸多标识当中，由于普通可视耳标具有易于编写、易于佩戴、易于观察等优点，因此，得到广大肉牛养殖户的认可，使用范围广泛。然而，随着产业的发展和科技的进步，为了提高个体识别的效率和准确性，可编写式电子识别标识正有逐步取代普通可视耳标的趋势，对于育种场推荐使用电子识别标识。

（一）烙号标识

通过物理或者化学方法在牛身体上留下永久性烙印。具体可分为液氮烙号、苛性钾烙号和火烙法等，其中液氮烙号具有技术成熟可靠、号码清晰、机体损伤小，且永不消褪等优点，是动物个体标识比较青睐的标识方法（图2-1）。20世纪50至70年代，种公牛个体标识多使用此方法，目前烙号标识仍广泛应用于马、驴、骡等家畜的标识。

图2-1　液氮烙号器及牛体烙号

（二）普通可视耳标

利用铝片、铁片以及塑料等材质制成耳标，并采用雕刻、手写或激光打印等方式在耳标上面编写清楚的个体标识号，佩戴于牛耳部，以便肉眼直接观察（图2-2）。该方法是目前普遍采用的标识方法。

图2-2　普通可视耳标

（三）条形码标识

在塑料耳标上利用激光打印技术形成特定的条形码，而后将带有条形码的耳标佩戴在肉牛个体上，利用扫码器扫描条形码即可识别个体。

（四）电子识别标识

通常是指可进行身份识别的RFID电子标签。按照功能可分为只读式电子标识和读写式电子标识。只读式电子标识仅能够通过手持终端机（图2-3）读取标识信息。读写式电子标识可以根据各自的需求，编辑标识信息并通过终端机读取。

根据电子标识的固定方式和在肉牛身体的固定部位还可分为以下几种，即固定在耳朵上的耳标式电子标识（图2-4），固定在腿脚部位的扎带式电子标识，注射到皮下的晶片式（玻璃管）电子标识（图2-5），植入牛体内的瘤胃式电子标识（图2-6）以及镶嵌入牛鼻茬中的二维码和电子芯片双重标识等。

图2-3　电子耳标手持终端机　　　　　　　　　　图2-4　电子耳标

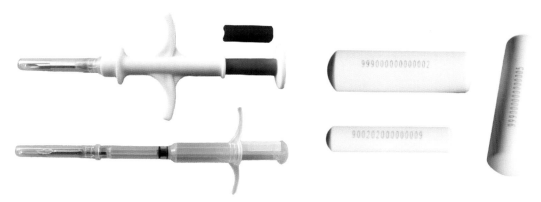

图2-5 植入式只读型生物晶体注射器及皮下电子标识　　　图2-6 瘤胃式电子标识

二、编号规则

牛只登记号由数字或数字与字母混合组成。通过登记号可直接得到牛只所属地区、出生场和出生年代等基本信息，牛只登记号具有唯一性，并且长期使用，以保证信息的准确性。为方便管理，种公牛同时具有10位种公牛管理号，标注在其冷冻精液细管上，作为唯一标识。种公牛管理号可通过相应的填充规则，生成相应的20位牛只登记号。

（一）登记号编码规则

牛只登记号由20位字母或数字组成，分为7部分，具体如下：

①国家代码　由3位字母组成。采用GB/T 2659—2000《世界各国和地区名称代码》规定的"三字符拉丁字母代码"。详细代码信息见表2-1。

表2-1　主要肉牛生产国家代码信息表

国家	代码	国家	代码	国家	代码
中国	CHN	英国	GBR	韩国	KOR
美国	USA	法国	FRA	巴拉圭	PRY
巴西	BRA	德国	DEU	乌拉圭	URY
阿根廷	ARG	荷兰	NLD	白俄罗斯	BLR
印度	IND	意大利	ITA	新西兰	NZL
墨西哥	MEX	比利时	BEL	智利	CHL
澳大利亚	AUS	丹麦	DNK	瑞典	SWE
俄罗斯	RUS	加拿大	CAN	芬兰	FIN

②性别代码　由1位字母组成。公牛用M表示，母牛用F表示。

③品种代码　由2位字母组成。采用与其品种名称（英文名称或汉语拼音）相对应的英文大写字母。常用的肉牛品种及其代码信息见表2-2。

表2-2　主要牛品种代码信息表

品种	代码	品种	代码	品种	代码
西门塔尔	XM	皮埃蒙特	PA	延黄牛	YH
夏洛来	XL	金黄阿奎丹	JH	辽育白牛	LB
利木赞	LM	德国黄牛	DH	南阳牛	NY
安格斯	AG	摩拉水牛	ML	秦川牛	QC
短角牛	DJ	尼里/拉菲水牛	NL	鲁西牛	LX
南德文	ND	三河牛	SH	延边牛	YB
褐牛	HN	草原红牛	CH	晋南牛	JN
婆罗门	PM	夏南牛	XN	复州牛	FZ
比利时兰	BL	大别山牛	DB	地中海水牛	DZ
海福特	HF	和牛	RH	海子水牛	HZ
锦江牛	JJ	郏县红牛	JX	蜀宣花牛	SX
皖东牛	WD	巫陵牛	WL	皖南牛	WN
新疆褐牛	XH	云岭牛	YL		

④各省（自治区、直辖市）代码　由2位数字组成。按照国家行政区划编码确定，第一位是国家行政区划的大区号，例如，北京市属"华北"，编码是"1"；第二位是大区内省市号，"北京市"是"1"。因此，北京编号是"11"。各省（区、市）代码信息详见表2-3。

表2-3　各省（自治区、直辖市）代码信息表（部分）

省别	编号	省别	编号	省别	编号	省别	编号
北京	11	上海	31	湖北	42	西藏	54
天津	12	江苏	32	湖南	43	重庆	55
河北	13	浙江	33	广东	44	陕西	61
山西	14	安徽	34	广西	45	甘肃	62
内蒙古	15	福建	35	海南	46	青海	63
辽宁	21	江西	36	四川	51	宁夏	64
吉林	22	山东	37	贵州	52	新疆	65
黑龙江	23	河南	41	云南	53	台湾	71

⑤牛场代码 由4位字符组成，可以是数字或数字与字母混合。牛场代码中可使用的字符包括0、1、2、3、4、5、6、7、8、9、a、b、c、d、e、f、g、h、i、j、k、l、m、n、o、p、q、r、s、t、u、v、w、x、y、z。该编号在全省（自治区、直辖市）范围内不重复。例如牛场代码可以为0001、xyz1等。有条件的省（自治区、直辖市）可在自行编号后，报送国家肉牛遗传评估中心备案；不具备条件的省（自治区、直辖市）可直接向国家肉牛遗传评估中心申请，国家肉牛遗传评估中心将协助进行编号。

⑥出生年份代码 由4位数字组成，即为该牛只实际出生年份，例如2011年出生代码即为"2011"。

⑦场内编号 由4位数字组成。同一个牛场一年内牛只出生顺序号，不足4位的在顺序号前以0补齐。

（二）种公牛管理号编码规则

根据《家畜遗传材料生产许可办法》规定，从事家畜遗传材料生产的单位和个人，应当取得省级人民政府相关主管部门核发的《种畜禽生产经营许可证》。牛冷冻精液属于遗传材料，合格种公牛需要由省级人民政府相关主管部门组织审核验收。每头合格种公牛具有唯一种公牛管理号。

种公牛管理号由10位数字组成，分为3部分：

①种公牛站代码 由3位数字组成。全国种公牛站代码信息见表2-4。"种公牛站代码"与"牛只登记号"中的"牛场代码"相对应，转换时，在种公牛站代码前加"0"即可。例如天津市奶牛发展中心的种公牛站代码为"111"，其牛场代码即为"0111"。

表2-4 全国种公牛站代码信息表

序号	种公牛站名称	种公牛站代码
1	北京首农畜牧发展有限公司奶牛中心	111
2	天津市奶牛发展中心	121
3	河北品元畜禽育种有限公司	131
4	秦皇岛全农精牛繁育有限公司	132
5	亚达艾格威（唐山）畜牧有限公司	133
6	山西省畜牧遗传育种中心	141
7	内蒙古天和荷斯坦牧业有限公司	151
8	通辽京缘种牛繁育有限责任公司	152
9	海拉尔市农牧场管理局家畜繁育指导站	153
10	赤峰赛奥牧业技术服务有限公司	154
11	内蒙古赛科星繁育生物技术(集团)股份有限公司	155
12	内蒙古中农兴安种牛科技有限公司	156

（续）

序号	种公牛站名称	种公牛站代码
13	辽宁省牧经种牛繁育中心有限公司	211
14	大连金弘基种畜有限公司	212
15	长春新牧科技有限公司	221
16	吉林省德信生物工程有限公司	222
17	延边东兴种牛科技有限公司	223
18	四平市兴牛牧业服务有限公司	224
19	黑龙江省博瑞遗传有限公司	231
20	大庆市银螺乳业有限公司	232
21	龙江元盛食品有限公司雪牛分公司	233
22	上海奶牛育种中心有限公司	311
23	上海市肉牛育种中心有限公司	312
24	徐州恒泰牧业发展有限公司	321
25	南京利农奶牛育种有限公司	322
26	安徽天达畜牧科技有限责任公司	341
27	江西省天添畜禽育种有限公司	361
28	山东省种公牛站有限责任公司	371
29	山东奥克斯生物技术有限公司	373
30	先马士畜牧（山东）有限公司	374
31	河南省鼎元种牛育种有限公司	411
32	许昌市夏昌种畜禽有限公司	412
33	南阳昌盛牛业有限公司	413
34	洛阳市洛瑞牧业有限公司	414
35	武汉兴牧生物科技有限公司	421
36	湖南光大牧业科技有限公司种公牛站	431
37	广西壮族自治区畜禽品种改良站	451
38	成都汇丰动物育种有限公司	511
39	云南省种畜繁育推广中心	531
40	大理五福畜禽良种有限责任公司	532
41	当雄县牦牛冻精站	541
42	陕西秦申金牛育种有限公司	611
43	西安市奶牛育种中心	612

（续）

序号	种公牛站名称	种公牛站代码
44	甘肃省家畜繁育中心	621
45	青海正雅畜牧良种科技有限公司	631
46	宁夏四正种牛育种有限公司	641
47	新疆天山畜牧生物工程股份有限公司	651

②种公牛出生年份代码　由4位数字组成，即为种公牛实际出生年份，例如2011年出生代码即为"2011"。

③站内编号　由3位数字组成。"站内编号"与"牛只登记号"中的4位"场内编号"相对应。转换时，在站内编号前加"0"即可。例如河南省鼎元种牛育种有限公司种公牛4112012145，其站内编号是"145"，相应的场内编号即为"0145"。

（三）编号分类使用原则

① 16位系谱登记号　　　　　　　　　　　　②场内牛只管理号

①在牛只档案或谱系上，应使用含品种代码和牛只编号等信息的16位系谱登记号，即牛只登记号的后16位系谱登记号。16位系谱登记号录入国家肉牛数据中心后，可自动补充国家代码和性别代码，生成完整的20位牛只登记号。如需与其他国家牛只进行比较，应使用完整的20位牛只登记号。

②本场内使用时，例如填写可视耳标、标注样品或简单区分牛只个体信息时，为方便管理，简化操作，可以使用场内牛只管理号，即牛只登记号的最后6位。

③对在群牛只进行登记或填写系谱档案等资料时，如现有牛号与以上规则不符，应按此规则重新编号，并保留新旧编号对照表。

例如：内蒙古锡林郭勒盟贺斯格乌拉牧场，有一头西门塔尔母牛出生于2009年，在该牛场出生顺序是第89个，其编号应按如下办法：

西门塔尔牛代码为XM，内蒙古代码为15，该牛场在内蒙古的代码为0001，该牛出生年度代码为2009，出生顺序号为0089，所以该牛的牛只登记号为CHNMXM15000120090089，国内系谱档案登记使用的16位系谱登记号为XM15000120090089，场内牛只管理号为090089。

第二节　品种登记

品种登记，就是由专门的机构或者牧场将符合某一品种标准的个体信息，登记在专门的登记簿中或者特定的数据管理系统中。其本质是保存第一手的育种资料和生产性能记录，其目的是通过统计、分析育种资料和生产性能数据，在保证品种一致性和稳定性的同时，实现品种的持续选育提高。品种登记对于提高品种的生产性能，实施科学的品种改良、选种选配，避免近亲繁殖、近交衰退，开展系统的科学研究，制定长久的种群规划都具有重要意义。

一、必要性

国内外肉牛遗传改良实践证明，就选育效率和效果而言，应用"品种登记"的种群远远高于未应用"品种登记"的种群。因此，系统规范的品种登记工作，已成为肉牛生产特别是种群选育和遗传改良中不可缺少的一项必要工作。

1.繁育场、种公牛站等必须开展品种登记。将本场饲养的血统一致的个体信息登记入谱系档案或者特定的数据库和管理系统，逐步建立科学连续的档案数据库和管理系统。通过对登记数据的统计与分析，能够掌握饲养场种群的产能变化情况，为实施科学的品种改良、选种选配，避免近亲繁殖、近交衰退提供依据。

2.科学研究试验场必须开展品种登记。只有在品种登记的基础上，才能够筛选出血统一致、符合试验条件的个体，才能充分掌握个体的完整信息，对于综合评价个体产能、科学统计与分析试验结果具有重要的作用。

3.管理部门需要组织开展品种登记。只有实施品种登记，逐步建立和完善品种登记系统，才能使各级管理部门真实、详细、完整地掌握肉牛种群的信息，为产业调研、技术研发与推广乃至产业布局和相关政策的制定提供可靠的信息和依据。

二、基本条件

品种登记必须以品种为单位开展，不是所有的肉牛品种都必须开展品种登记，在符合规定的品种中选择满足以下条件之一的个体开展品种登记。

（一）符合本品种的特征

本身含有拟登记品种87.5%以上血液，并且在品种特性、外貌特征、生产性能等方面符合品种标准要求。

以中国西门塔尔牛为例。它是由20世纪50年代、70年代末和80年代初引进的德系、苏系和澳系西门塔尔牛在中国的生态条件下与本地牛进行级进杂交后，对高代改良牛的优秀个体进行选种选配培育而成，属乳肉兼用品种。它体躯深宽高大，结构匀称，体质结实，肌肉发达，行动灵活，被毛光亮，毛色为红（黄）白花，花片分布整齐，头部白色或带眼圈，尾梢、四肢和腹部为白色，脚蹄蜡黄色，鼻镜肉色，乳房发育良好，结构均匀紧凑。具体性能见《中国西门塔尔牛》（GB 19166—2003）。

（二）双亲已是登记牛只

个体双亲均已是登记牛只，则该个体也可进行品种登记。

（三）已在国外登记牛只

从国外引进的优秀个体，且已在输出国参与品种登记，则该个体也可进行品种登记，其完整信息应同时登入我国的品种登记系统中。

三、登记办法

我国目前肉牛品种登记办法参照《肉牛品种登记办法（试行）》执行。

（一）登记机构

在农业农村部相关司局和全国畜牧总站指导下，省级畜牧技术推广机构承担肉牛品种登记工作，并将牛只登记资料收集整理后通过网络传送至国家肉牛遗传评估中心。

（二）申请登记

核心育种场、种牛场（站）在犊牛出生后3个月以上即可申请登记。牛只登记是终生累积进行的过程，须不断对新测定的数据进行补充记录。

（三）登记信息要求

（1）应按照"肉牛品种登记表"规定内容（表2-5）开展登记，其数据可通过网络发送至国家肉牛遗传评估中心育种数据网络平台（http://www.ngecbc.org.cn）。国家肉牛遗传评估中心负责提供登记软件和技术培训。

（2）在肉牛品种登记表中应附登记牛的头部照片及左右侧照片。填报登记表应由专人负责，手写字迹清楚，不能随意涂改，录入电子档案信息准确完整。

（3）参与品种登记的牛只发生转移时，须通过当地行政主管部门（或技术推广部门）办理转移手续，并变更其记录。

（四）信息发布与应用

国家肉牛遗传评估中心负责登记牛只数据整理、汇总与分析，并定期报送至全国畜牧总站。汇总登记信息经农业农村部主管司局审核后，以一定形式向社会发布。

表2-5 肉牛品种登记表

省（区、市）名称：_____ 省（区、市）代码：_____ 牛场名称：_____ 牛场代码：_____ 登记日期：_____ 登记人：_____

牛号		登记号		品种		出生日期		出生场		断奶日期	
性别		血统比例		是否多胎		是否胚移个体		相关DNA检测信息			

体重测量（千克）

初生重		断奶重		6月龄重	
周岁重		18月龄重		24月龄重	

体尺测量（厘米）

体高		十字部高		体斜长		胸围		腹围		管围		睾丸围	

测定日期	超声波测定	仪器型号	背膘厚	眼肌面积

照片

系谱

亲代信息	登记号	出生日期	备注
曾祖父号			
祖父号			
曾祖母号			
父号			
祖母号			
曾外祖父号			
外祖父号			
曾外祖母号			
母号			
外祖母号			

母牛繁殖记录

胎次	配种日期	配妊日期	配次数	与配公牛	产犊日期	产犊难易*	流产日期
1							
2							
3							
4							
5							
6							
7							
8							
9							
10							

* 产犊难易：1＝顺产，2＝助产，3＝难产，4＝剖腹产

第三章 | 主要性状与测定方法
CHAPTER 3

肉牛的主要经济性状是指在肉牛生产过程中，具有一定经济价值或与经济效益紧密相关的性状。对这些性状进行测定，既是组织生产、加强饲养管理、获取高产优质产品、提高经济效益的基础性工作，又可为肉牛育种目标的制定、种用价值的评定提供依据。一般肉牛性能测定的性状主要包括生长发育性状、肥育性状、胴体性状、肉质性状、繁殖性状、泌乳性状六大类。

第一节　生长发育性状

生长发育性状是评定肉牛经济学特性最易测量的性状，而且这类性状为中等遗传力，性状估计育种值也较为准确，因此常被作为肉牛生产性能评定的重要指标。测定的性状主要包括初生重、断奶重、周岁重、18月龄重、24月龄重及体尺性状。

1.测定要求

（1）测量用具：测量体高、十字部高用测杖，体斜长用测杖或卷尺；胸围、管围和腹围用软尺；坐骨端宽、髋宽、腰角宽用测盆器或卷尺。测量用具在测量前应加以校正。

（2）被测牛只姿势：测量体尺时，使牛自然端正地站在平坦、坚实的地面上，头部前伸。

（3）体重测定：测定6月龄（断奶）、12月龄、18月龄、24月龄等月龄体重时，一般应在早晨饲喂及饮水前进行，连续测定2天，取其平均值。测定时，要求用灵敏度≤0.1千克的磅秤称量，单位为千克，保留1位小数。

2.体重的测定

（1）初生重（Birth Weight）：犊牛出生后采食初乳前的活重。

（2）断奶重（Weaning Weight）：犊牛断奶时的空腹活重。为管理方便，可将断奶日期相近的犊牛集中在一天称重，但要记录准确的断奶日龄，并采用如下公式计算断奶重。

断奶重＝[（实际称量重－初生重）/称重日龄]×断奶日龄＋初生重

（3）周岁重（Yearling Weight）：牛12月龄空腹活重。

（4）18月龄重（18-Month Weight）：牛18月龄空腹活重。

（5）24月龄重（24-Month Weight）：牛24月龄空腹活重。

3.体尺测定　体尺测定主要有：体高（也称鬐甲高）、体斜长、胸围、腹围、管围、十字部高和坐骨端宽等。测量部位的起止点见图3-1。

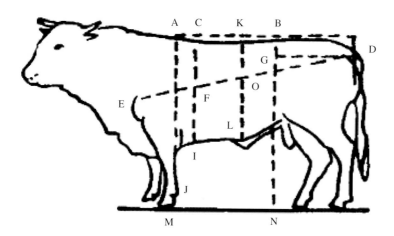
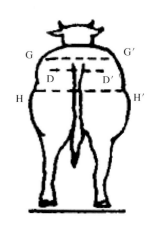

图3-1　牛体尺测量部位示意

体高：A—M；体斜长：E—D；胸围C—F—I—F—C；腹围：K—O—L—O—K；管围：J；十字部高：B—N；

坐骨端宽：D—D′；腰角宽：G—G′；尻长：D—G；髋宽：H—H′

（1）体高（Withers Height）：鬐甲最高点到地面的垂直距离（图3-2），单位为厘米。

（2）体斜长（Body Length）：牛肩胛骨前缘至坐骨结节后缘的距离（图3-3），单位为厘米。

（3）胸围（Circumference of Chest）：肩胛骨后缘处体躯的垂直周径（图3-4），单位为厘米。

（4）腹围（Abdominal Circumference）：十字部前缘腹部最大处的垂直周径（图3-5），单位为厘米。

（5）管围（Circumference of Cannon Bone）：绕左前肢管部上1/3最细处的周径（图3-6），单位为厘米。

（6）十字部高 (Hip Height)：牛体两腰角连线中点至地面的垂直高度（图3-7），单位为厘米。

（7）坐骨端宽 (Pin Bone Width)：坐骨端外缘的直线距离（图3-8），单位为厘米。

图3-2　体　高

图3-3　体斜长

图 3-4　胸围

图 3-5　腹围

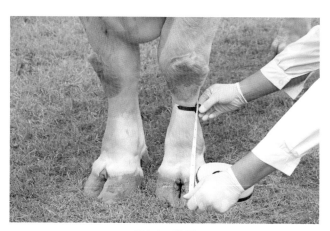

图 3-6　管围

图 3-7　十字部高

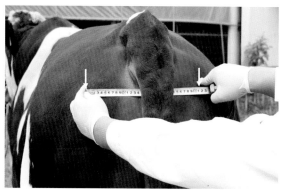

图 3-8　坐骨端宽

第二节　肥育性状

育肥性状是评定肉牛在育肥阶段生长和产肉性能的重要指标。一般在测定站或育肥场集中育肥，集中测定。主要测定入栏重、出栏重、育肥期日增重等。

（1）育肥始重（入栏重）(Entry Weight)：育肥牛结束预饲期，开始正式育肥期时的空腹重。

（2）育肥终重（出栏重）(Fatten Weight)：肉牛育肥结束时的空腹重。

（3）育肥期日增重（Daily Gain During Fattening Period）：肉牛正式育肥期内（不包括预饲期）每天的增重。计算公式：

育肥期日增重（千克/天）=［育肥终重（千克）-育肥始重（千克）］/育肥天数（天）

第三节　饲喂效率性状

在确保肉牛产肉、产奶稳定和个体健康的前提下，提高饲喂效率成为牛场维持利润的一个重要方法。通过增加单位重量干物质所转化的肉或奶，减少粪污的排放量，增强牛场的盈利能力，缓解牛场的环保压力。因此掌握饲喂效率计算和测量方法，对牛场提高饲喂效率有重要意义。

（一）测定指标

1.饲料转化率　饲料转化率（Feed Conversion Ratio，FCR）也称为饲料报酬、料肉比，指生产单位重量畜产品需要的饲料消耗量。直观上表示肉牛每单位增重消耗饲料的多少，其数值越大，表明饲料转化率越低。

测定开始时，称量被测牛的空腹重；测定期内，每天称量被测牛的精饲料采食量，并记录结果；测定结束时，称量其空腹重；然后按下式计算。测定时，被测牛应单槽饲喂，粗饲料自由采食；测量用具要求用灵敏度≤0.1千克磅秤，结果保留1位小数。

$$FCR = \frac{\sum\limits_{i=1}^{n} X_i}{W_2 - W_1}$$

式中：

FCR为饲料转化率；X_i为第i天的精料采食量，单位为千克；n为测定的天数，单位为天；W_1为测定开始时被测牛重，单位为千克；W_2为测定结束时被测牛重，单位为千克。

2.剩余采食量　剩余采食量（Residual Feed Intake，RFI）是Koch等（1963）提出的一种估测畜禽饲料效率的指标，是畜禽实际采食量(Actual Feed Intake，AFI)与根据其维持和生产（生长、泌乳、产仔等）所计算的预期采食量的差值。

测定肉牛RFI时，每天投料时称量投料重，保证牛自由采食且饲粮不受污染，并在第2天投料前清理收集剩料并称量，通过持续饲喂63～84天，并在饲养期间准确记录每头牛的干物质采食量（Dry Material Intake，DMI）和平均日增重（Average Daily Gain，ADG），饲养试验结束后，利用Koch等提出的预测模型计算出肉牛的预期采食量。用实际记录的采食量减去预期采食量即为剩余采食量。RFI是一个中等遗传力的负向选择性状，饲料效率越高的肉牛，其RFI越低。预测模型：

$$Y_i = \beta_0 + \beta_1 ADG_i + \beta_2 AMWT_i + e_i$$

式中：Y_i为动物i的干物质采食量（DMI）；β_0为回归截距；β_1为采食量对平均日增重（ADG）的偏回归系数；$AMWT_i$为动物i的平均中期体重，β_2为AMWT对DMI的影响程度；

e_i为动物i的实际采食量与拟合采食量之差，即RFI。

（二）测定方法

FCR和RFI这两个指标可采用常规手动测定和自动饲喂系统测定

1.常规手动测量 需要用到100千克电子台秤（灵敏度≤0.1千克，任意型号均可），用于测量饲料重量；500千克或1000千克平台式地磅（灵敏度≤0.5千克，任意型号均可），用于测量牛只重量。结果保留1位小数。

2.自动饲喂系统测定 有条件的可使用牛自动定量饲喂系统进行测定，如上海正宏农牧机械设备有限公司生产的牛自动定量喂饲系统（型号ZHFR-B，图3-9）。牛只单栏饲养，自动计算采食量。

图3-9 牛自动饲喂系统

第四节 胴体性状

胴体性状的测定是指对肉牛屠宰后的胴体品质进行测定，主要包括胴体重量测定、产肉性能指标计算、胴体形态测定等。由于这些测定需要屠宰设施和特殊设备，需要专业技术人员测定，通常只能在测定站测定。

（一）待宰牛宰前要求

待宰牛宰前24小时停食，保持安静的环境和充足的饮水，直至宰前8小时停止供水。

（二）屠宰规格和要求

（1）放血：在牛颈下缘喉头部割开血管放血。

（2）去头：剥皮后，沿头骨后端和第一颈椎间切断去头。

（3）去蹄：从腕关节处切断去前蹄，从跗关节处切下去后蹄。

（4）去尾：从尾根部第1至第2节切断去尾。

（5）内脏剥离：沿腹侧正中线切开，纵向锯断胸骨和盆腔骨，切除肛门和外阴部，分离连接壁的横隔膜。除肾脏和肾脂肪保留外，其他内脏全部取出，切除阴茎、睾丸、乳房。

（6）胴体分割：纵向锯开胸腔和盆腔骨，沿椎骨中央劈开左右两半胴体（称二分体）；然后转入4℃成熟车间，48～72小时后分割。

（三）胴体重量测定

1.宰前活重（屠宰重）(Slaughter Weight)：育肥牛屠宰前禁食24小时后的活重。

2.胴体重（Carcass Weight)：活体放血，去头、皮、尾、蹄、生殖器官及周围脂肪、母牛的乳房及周围脂肪、内脏（保留肾脏及周围脂肪）的重量。

3.净肉重（Lean Meat Weight)：胴体剔骨后的全部肉重，包括肾脏及周围脂肪。

4.骨重（Bone Weight)：将胴体中所有肌肉剥离后所剩骨骼的重量。

（四）胴体产肉性能计算

1.屠宰率（Dressing Percentage)：胴体重占宰前活重的百分率。
$$屠宰率=胴体重/宰前活重×100\%$$

2.净肉率（Lean Meat Percentage)：净肉重占宰前活重的百分率。
$$净肉率=净肉重/宰前活重×100\%$$

3.胴体产肉率（Carcass Meat Percentage)：净肉重占胴体重的百分率。
$$胴体产肉率=净肉重/胴体重×100\%$$

4.肉骨比（Meat/Bone Ratio)：净肉重和骨重之比。
$$肉骨比=净肉重/骨重$$

（五）胴体形态测定

胴体吊挂于4℃后成熟车间冷却4～6小时后，进行胴体外观、部位测量和评定（图3-10)。

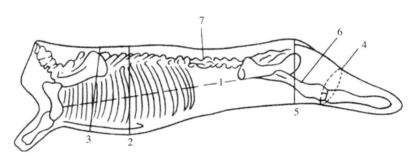

图3-10 胴体外观、部位测量示意图

1.胴体长 2.胴体深 3.胴体胸深 4.胴体后腿围 5.胴体后腿宽 6.大腿肉厚 7.腰部肉厚

1.胴体长（Carcass Length)：耻骨缝前缘至第1肋骨与胸骨联合点前缘间的长度（用卷尺或测杖测量，图3-11)。

2.胴体深（Carcass Depth)：牛胴体自第7胸椎棘突的体表至第7胸骨下部体表的垂直距离（用卷尺或测杖测量，图3-12)。

3.胴体胸深(Chest Depth of Carcass)：自第3胸椎棘突的体表至胸椎下部的垂直距离（用卷尺或测杖测量，图3-13)。

4.胴体后腿围（Hind Leg Circumference of Carcass)：股骨与胫腓骨连接处的水平围度（用卷尺测量，图3-14)。

5.胴体后腿宽（Hind Leg Width of Carcass)：尾根凹陷处内侧至大腿前缘的水平宽度（用卷尺或测杖测量，图3-15)。

图 3-11　胴体长

图 3-12　胴体深

图 3-13　胴体胸深

图 3-14　胴体后腿围

图 3-15　胴体后腿宽

　　6. 胴体后腿长（Hind Leg Length of Carcass）：耻骨缝至飞节的长度（用卷尺测量，图 3-16）。

　　7. 大腿肉厚（Hind Leg Depth of Carcass）：自大腿后侧体表至股骨体中点的垂直距离（用胴体测量锥测量，图 3-17）。

　　8. 腰部肉厚（Waist Depth of Carcass）：自第三腰椎体表（棘突外 1.5 厘米处）至横突的垂直距离（用胴体测量锥测量，图 3-18）。

　　9. 背膘厚（Backfat Thickness）：在第 12 至第 13 胸肋间的眼肌横切面处，从靠近脊柱的一端起，在眼肌横断面长度的 3/4 处，垂直于外表面处的背膘厚度（用游标卡尺测量，图 3-19）。

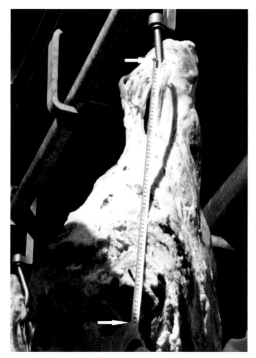

图3-16　胴体后腿长

图3-17　大腿肉厚

图3-18　腰部肉厚

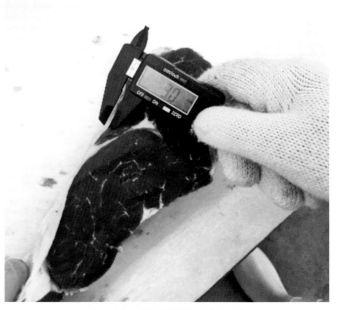

图3-19　背膘厚测量部位示意

　　10. 眼肌面积（Ribeye Area）：第12至第13胸肋间的背最长肌横切面积（图3-20a）。眼肌面积通常使用方格透明卡测定，可现场直接测定，也可利用硫酸纸将眼肌描样后保存，再用方格透明卡或求积仪计算（图3-20b）。

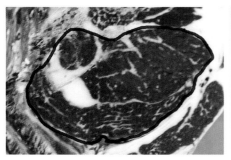
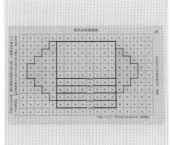

a.眼肌面积　　　　　　　　b.方格透明卡测定　　　　　　　c.硫酸纸描样

图3-20　眼肌面积测量部位示意及测量方法（黑线内：眼肌面积）

　　测定时，将方格透明卡覆盖在待测眼肌样品或描样纸上，读取眼肌部位所占的格子数量，一个格子为1厘米²。取格子的原则为满1/2视为一个，不满1/2不计，记录每次读取的数据，每个样品一次由同一实验人员测量三次，取平均值。

第五节　肉质性状

　　肉质是一个综合性状，主要由肌肉大理石花纹、肌肉颜色、嫩度、pH、风味、系水力等指标来度量。

　　1.肌肉大理石花纹(Marbling)　是肌肉中可见脂肪和结缔组织的分布情况，似大理石花纹状，因此称为"大理石花纹"。它反映了肌肉纤维间脂肪的含量和分布，也是影响牛肉口味的主要因素。通常以第12至13肋间处眼肌横断面为代表进行标准卡目测对比评分。目前采用较多的评分标准有：①5分制（中国）；②6分制（美国）；③12分制（日本）。图3-20是中国、美国和日本大理石花纹评定标准卡片，可参考使用。

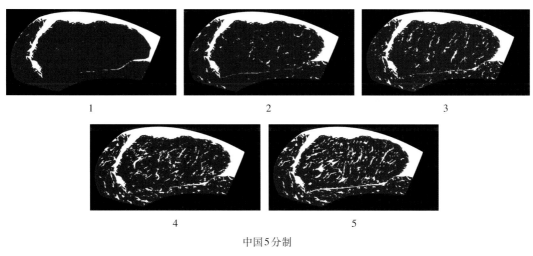

1　　　　　　　　　　2　　　　　　　　　　3

4　　　　　　　　　　5

中国5分制

1：极少　2：少　3：中等　4：丰富　5：极丰富

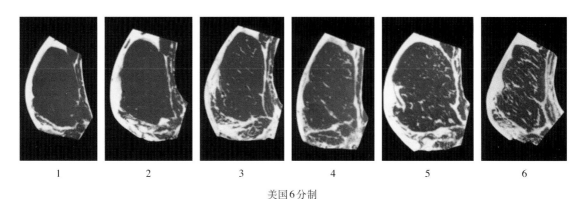

美国6分制

1：微量　2：轻度　3：少量　4：中等　5：适度　6：稍丰厚

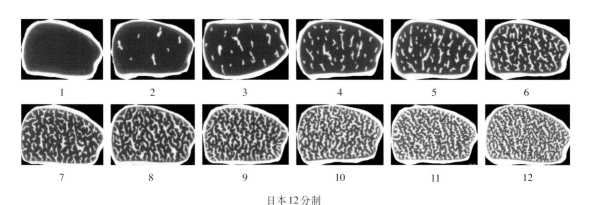

日本12分制

1：A_1级　2：A_2级　3—4：A_3级　5—9：A_4级　10—12：A_5级

图3-21　中国、美国和日本肌肉大理石花纹评定标准卡片

2.肌肉颜色（以下简称肉色）　肉色（Flesh Color）是牛屠宰后24小时内，鉴定12至13肋间眼肌横断面肉的颜色。肉色是肉质性状的重要标志，也是胴体质量等级评定的重要指标。肉色鉴定的测定方法通常有目测法和色差计法。

（1）目测法：屠宰后24小时内，对照肉色标准图，目测12至13肋间眼肌横切面肉的颜色。目前采用较多的肉色标准图有：①8分制（中国）；②7分制（美国）；③7分制（日本）（图3-22）。一般肉色呈"樱桃红色"为最佳；在中国8分制中，4分、5分最好；在美国和日本7分制中，3分、4分最好。

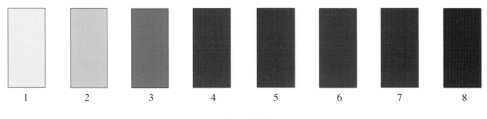

中国8分制

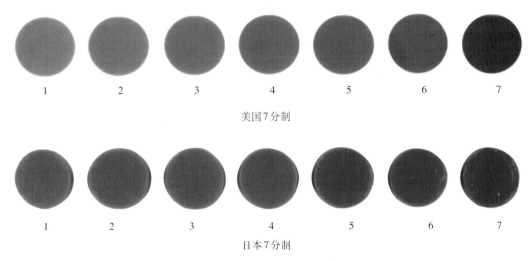

美国7分制

日本7分制

图3-22　中国、美国和日本肉色评定标准卡片

（2）色差计法：在有条件的情况下，也可采用色差计对肉色进行客观评定，用来降低目测法的人为主观误差。牛屠宰后24小时内，利用色差计测定第12至第13肋间眼肌横断面肉的颜色。色差计法见图3-23，应配备D65光源，波长400～700纳米。

测定步骤：取牛胴体第12至13肋间眼肌，肉样厚度大于1厘米，垂直肌纤维走向切开，横断面在室温下氧合40分钟后测定。氧合过程环境风速应小于0.5米/秒。每个肉样选取3个不同位置重复测定后取平均值。

图3-23　肉样示意及色差计测量

3.脂肪颜色（Fat Color）　屠宰并后成熟，在第12至13肋间取新鲜背部脂肪断面，目测脂肪色泽，对照标准脂肪色图评分；目前采用较多的脂肪颜色标准图有：①8分制（中国）；②7分制（美国）；③7分制（日本）（图3-24）。一般脂肪颜色越白越好，1分为最佳。

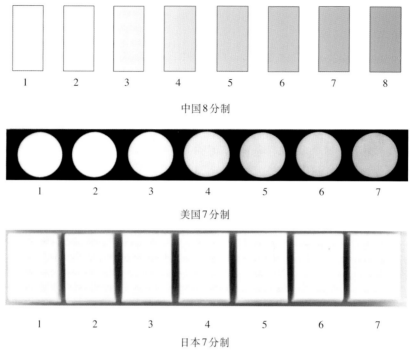

图 3-24 中国、美国和日本脂肪色评定标准卡片

4.嫩度（Tenderness） 指煮熟牛肉的柔软、多汁和易于被嚼烂的程度，是检验肉品质的重要指标。嫩度的客观评定是借助于仪器来衡量其切断力、穿透力、咬力、剁碎力、压缩力、弹力和拉力等指标，而最通用的是切断力，又称剪切力(Shear Force Value)。一般用剪切仪或质构仪测定（图3-25），单位为千克。这种方法测定方便，结果可比性强，是最常用的嫩度评定方法。

（1）仪器设备见图3-25：

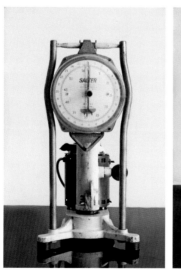

图3-25 剪切力仪（左）和质构仪（右）

（2）嫩度判定标准：剪切力在1千克以内的，嫩度为极嫩；1～2千克的为很嫩，2～5千克为嫩，5～7千克的为中等嫩，7～11千克的则口感粗硬。一般来说剪切力值大于4千克，就难以被消费者接受。

（3）嫩度测定（图3-26）的步骤：

①取肉样：取外脊（前端部分）200克，修成6厘米×3厘米×3厘米的肉样；

②将肉样置于恒温水浴锅加热，用针式温度计测定肉样中心温度，当达70℃时，保持恒温20分钟；

③20分钟后取出，在室温条件下测定；

④用直径1.27厘米的取样器，沿肌肉束走向取肉柱10个；

⑤将肉柱置剪切仪上剪切，记录每个肉柱被切断时的剪切值（用千克表示）；

⑥10个肉柱的平均剪切值，便是该肉样的嫩度。

图3-26　肉样嫩度测定

5．pH　pH是反映宰杀后牛肉糖原酵解速率的重要指标。肌肉pH下降的速度和强度对一系列肉质性状产生决定性的影响。肌肉呈酸性首先导致肌肉蛋白质变性，使肌肉保水力降低。pH测定方法如下。

（1）直接测定法：在屠宰后45～60分钟内，用pH测定仪（图3-27）在倒数3～4肋间测背最长肌和后腿肌肉pH（图3-28），待读数稳定5秒以上，记录pH。在4℃下，将胴体冷却24小时后，在相同位置测定pH并记录。此方法简单、易操作，推荐使用。

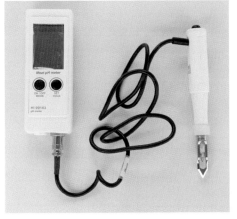

图3-27　pH测定仪

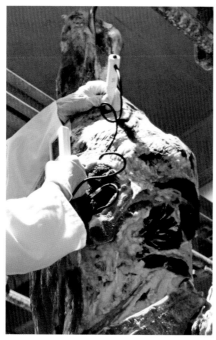

图3-28　测后腿肌肉（左）和背最长肌（右）pH

（2）间接测定法：与直接测定法相同时间和位置取肉样30克，加30毫升蒸馏水，置于组织捣碎机中捣碎，过滤后取滤液，用酸度计或pH试纸测定其pH，要求取样后2小时内完成。

6. 肌肉系水力(Water Binding Capacity，WBC)　是指当肌肉受到外力作用时，如加压、切碎、加热、冷冻、融冻、贮存、加工等，保持其原有水分的能力，也称为持水性。肌肉系水力的测定方法可分为3种：①不施加外力，如滴水法；②施加外力，如加压法和离心法；③施加热力法，如熟肉率反映烹调水分损失。

（1）滴水损失法：滴水损失(Driploss)是指不施加任何外力，只受重力作用下，蛋白质系统的液体损失量，或称贮存损失和自由滴水。此方法受外界影响因素少，不需要复杂的设备，测定方法简单易行，测定值与系水力强相关，因此推荐用此方法评价系水力。

具体测定方法（图3-29）：宰后2小时，取第12肋至第13肋间处眼肌，别除眼肌外周的脂肪和筋膜，顺肌纤维走向修成长宽高为5厘米×3厘米×2厘米的肉条，称重。用细铁丝钩住肉条的一端，使肌纤维垂直向下，悬挂于食品袋中央（避免肉样与食品袋壁接触）；然后用棉线将食品袋口与

图3-29　滴水损失法

吊钩一起扎紧，在0～4℃条件下吊挂24小时后，取出肉条并用滤纸轻轻拭去肉样表层汁液后称重，并按下式计算。

$$滴水损失 = [（吊挂前肉条重 - 吊挂后肉条重）/ 吊挂前肉条重] \times 100\%$$

（2）加压法：当外力作用于肌肉上，肌肉保持其原有水分的能力，称为肌肉系水力或持水性，可利用质构仪测定。

具体测定方法（图3-30）：

①质构仪换上压力片，设置程序参数：压力重量25千克，挤压时间300秒。

②宰后2小时，取第12肋至第13肋间处眼肌，修成边长约为2厘米的立方体肉样，用分析天平称重，记下挤压前重量M_1。

③肉样上下各放8～10张滤纸，放到支承座上。

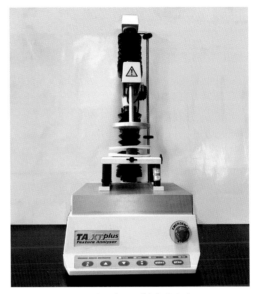

图3-30　加压法测系水力

④开始挤压，由于滤纸比较松，压力会缓慢升到25千克的重量并保持300秒，一个肉样一般需要6分钟左右。

⑤挤压结束后，取出肉样，揭去两侧粘的滤纸，然后放入分析天平上称重，记下挤压后重量M_2。

⑥挤压前重与挤压后重之差占挤压前肉样重的百分比即为系水力，计算公式为：

$$系水力 = （M_1 - M_2）/M_1 \times 100\%$$

第六节　繁殖性状

繁殖性状主要测定种公牛的睾丸围、采精量、精子活力、精子密度、精子畸形率；种母牛主要记录初产年龄、情期受胎率、产犊难易性。

1.种公牛繁殖性状

（1）睾丸围（Testicular Circumference）：即指种公牛阴囊最大围度的周长，以厘米为单位，用软尺或专用工具在种公牛14、18、24月龄时分别测量（图3-31）。该指标与公牛的生精能力和女儿初情期年龄成呈正相关，是评价种公牛种用性能最直接的性状。

（2）射精量（Ejaculate Volume）：指公牛一次射出的精液量。

（3）精子活力（Sperm Motility）：在37℃环境下前进运动精子占总精子数的百

图3-31　睾丸围测量

分比。一般使用精子活力检测仪测定（图3-32）。

（4）精子密度（Sperm Concentration）：单位体积精液中的精子数，单位为10^8个/毫升。一般使用精子密度仪测定（图3-33）。

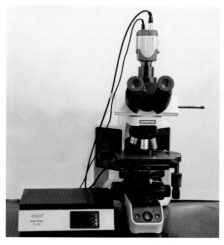

图3-32　精子活力检测仪

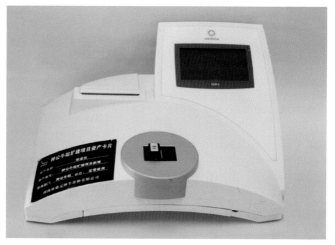

图3-33　精子密度仪

（5）精子畸形率（Abnormal Sperm Percentage）：指畸形精子占总精子数的百分率。一般使用精子畸形测定仪测定（图3-34）。

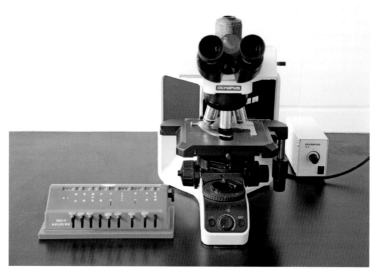

图3-34　精子畸形测定仪

2.种母牛繁殖性状

（1）初产年龄（Age at First Calving）：母牛头胎产犊时的年龄。

（2）情期受胎率（Conceptim Rate）：指在发情期，实际受胎母牛数占情期参配母牛总数的百分率。这个性状既是公牛繁殖能力的体现，也是母牛群繁殖能力的一个整体指标。

情期受胎率＝（情期受胎母牛头数／情期参配母牛总数）×100%

（3）产犊难易度（Calving Ease）：产犊的难易程度。一般分为4个等级，分别用1、2、3、4表示，即：

顺产：母牛在没有任何外部干涉的情况下自然生产，记录为1；

助产：人工辅助生产，记录为2；

引产：用机械等牵拉的情况下生产，记录为3；

剖腹产：采用手术剖腹助产，记录为4。

第七节 泌乳性状

通常肉用牛的泌乳能力以犊牛的哺乳期日增重来衡量；兼用牛泌乳性状主要测定母牛个体产奶量、乳脂率、乳蛋白质率以及乳中体细胞数。

1.哺乳期日增重（Average Daily Gain During Lactation） 指犊牛从出生到断奶期间的平均每天增重量，用来衡量肉用母牛的泌乳能力。

公式为

$$哺乳期日增重（千克/天）＝\frac{断奶体重（千克）－初生重（千克）}{断奶时日龄（天）}$$

2.个体产奶量（Individual Milk Yield） 指母牛一个泌乳期内奶产总量，是评定个体泌乳性能的重要指标。最精确的测定方法是将每头牛每天每次所挤的奶直接称重，累计得出个体的一个泌乳期的产奶量。

（1）测定方法：

①人工测量：手工称量，适用手工挤奶和提桶式挤奶设备挤奶（图3-35左）；容量型测量装置（图3-35右），适用于机械挤奶。

图3-35 提桶式挤奶设备（左）、容量型测量装置（右）

②自动计量：在机械挤奶设备上安装奶流传感器和奶牛个体识别传感器，用电脑自动测量，处理产奶量数据（图3-36）；适用于机械挤奶。

图3-36　全自动计量挤奶设备

（2）测定时间：

①每天实测：每头牛每次挤奶后实测奶量逐天累积。此工作量大，统计烦琐，可由计算机信息管理系统记录并储存。

②估测：为了节约劳力，简化生产性能测定程序，在保持育种资料可靠的前提下，可每月测定3天的日产奶量，每次间隔8～11天，以此为根据估计每月和整个泌乳期产奶量。这种方法估算容易，记载方便，可在农村推广应用，作为一种记录制度。计算公式为：

$$全月产奶量（千克）=（M_1×D_1）+（M_2×D_2）+（M_3×D_3）$$

式中：M_1、M_2、M_3为测定日全天产奶量；D_1、D_2、D_3为当次测定日与上次测定日的间隔天数。

3.305天产奶量（305-Day Corrected Milk Yield）是实际产奶量经过系数校正（即实际产下奶量×校正系数）以后的产奶量，是理想状态下计算的产奶量。理想状态下，每牛年产1胎，干乳期60天，实际挤奶时间就是305天，此时综合效益最好。但在实际生产中，泌乳期有长有短，为了便于比较，统一以每头牛每一泌乳期中的305天泌乳量来反映奶牛产奶水平。

计算方法是：当实际挤奶天数不足305天时，以实际奶量作为305天乳量；而超过305天，则305天后的奶量不计在内。对个别特高产的牛只，要统计365天或365天以下的产奶量。

4.乳脂率（Milk Fat Percentage）是指牛奶中所含脂肪的百分率，它在整个泌乳期中有很大变化，一般所说的乳脂率是指平均乳脂率。

（1）仪器设备：通常用乳脂率测定仪或乳成分分析仪和实验室测定(盖贝尔氏法和巴布科克氏法)，前者属快速测定方法，通常在1分钟内测出结果。目前常用乳成分测定仪或FOSS-MilkoScan 7 RM型乳脂、乳成分及体细胞快速检测仪（图3-37）来测定。

（2）乳脂率测定方法：是在全泌乳期的10个月内，每月测一次，将测定的乳脂率分别乘以各月的实际产奶量，然后将各月所得数值加起来，再除以总产奶量，即得平均乳脂率。乳脂率用百分率表示，计算公式为：

$$平均乳脂率 = \frac{\sum (F \times M)}{\sum M} \times 100\%$$

式中：F 为每次测定的乳脂率；M 为该次取样期的产奶量。

由于乳脂率测定工作量较大，为了简化流程，中国奶牛协会提出3次测定法来计算其平均乳脂率，即在全泌乳期的第二、第五和第八泌乳月内各测一次，而后应用上述公式计算其平均乳脂率。

5.乳蛋白率（Milk Protein Percentage）　指乳中所含蛋白质的百分率，是衡量牛奶质量的重要指标。随着乳蛋白含量逐步被重视，乳蛋白率已成为牛育种中重要的选择性状，并作为牛奶收购定价的主要参考指标。

乳蛋率测定的经典方法是凯氏定氮法，即先测定牛奶中氮含量，然后根据蛋白质的含氮量计算出该牛奶的蛋白质含量(%)。此法准确，但效率低，近年来主要采用乳成分测定仪进行测定，工作效率明显提高。

6.4%标准乳（Fat Corrected Milk，FCM）　也称作4%乳脂校正乳。由于不同个体乳脂率高低不一，为评定不同个体间产奶能力，通常将不同乳脂率的奶校正为4%乳脂率的标准乳。其换算公式是：

$$FCM = M \times (0.4 + 15F)$$

式中：FCM 为乳脂率4%的标准乳，M 为乳脂率F的乳量；F 为乳脂率值。

7.体细胞数（Somatic Cell Content，SCC）　指每毫升生鲜牛奶中体细胞的数量，包括嗜中性细胞、淋巴细胞、巨噬细胞及乳腺细胞脱落的上皮细胞等。生乳中体细胞数量高低对乳品质量和风味有很大的影响，特别是乳房炎乳（体细胞含量高）会导致乳品提前变质；同时体细胞计数也是目前较常用的鉴别乳区、牛只和牛群乳房健康状态的有效方法。

测定方法包括：

（1）直接镜检法：该法采用农业农村部行业标准NY/T 800—2004。操作时将待测的生乳样品涂抹在载玻片上成样膜，干燥、染色，显微镜下对细胞核可被亚甲基蓝清晰染色的细胞计数。

（2）体细胞检测仪法：通常使用SCC-100体细胞检测仪或FOSS-MilkoScan 7 RM型乳脂、乳成分及体细胞快速检测仪测定（图3-37），按照厂家说明书进行操作。

（3）体细胞试剂盒法：试剂盒一般包括20个一次性移液管、20个分析试管、20个带有排水孔的管帽、20根搅拌管、1瓶试剂。与镜检法、仪器法检测相比，体细胞试剂盒法具有成本低、实验材料携带方便，而且不需要复杂的操作等优点，既适用于大型奶牛场的专业监测，也同样可满足奶农对牛奶的日常检测。具体步骤如下。

①向试管中加入2毫升试剂和2毫升奶样，把搅拌管沿试管壁慢慢滑至试管底部，然后提至试管顶部，进行混合。在30秒内重复20次。（请勿摇晃试管，勿将搅拌管的顶部盖住。）

②牢固地盖上试管，听到两声咔哒声后将试管倒置30秒，排除液体。将试管恢复直立位置，等待几秒钟，待液体稳定，读取剩余牛奶的水平刻度。

③解读结果：试管上牛奶的水平刻度读数表示体细胞的预计数量（以千数计）。例如水平刻度读数为205，表示体细胞数为205 000个/毫升。

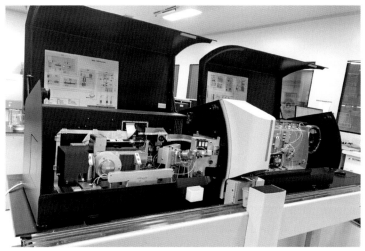

图 3-37　FOSS-MilkoScan 7 RM型乳脂、乳成分及体细胞快速检测仪

第八节　超声波活体测定

在性能测定过程中，当个体不适合屠宰，而胴体或肉质性状数据又非常必要时，可应用超声波活体测膘仪测定。测定的活体性状通常有：肌间脂肪含量（大理石花纹评分）、眼肌面积、背膘厚等。

1.仪器名称　兽用B超仪，见图3-38

2.测量项目　超声波活体测量项目包括大理石花纹、眼肌面积、背膘厚和肌间脂肪含量。

3.测量操作流程

（1）将待测牛保定在保定架内。

（2）用牛体毛刷刷拭第12至第13肋间测定部位的牛毛，并涂抹耦合剂或色拉油（图3-39）。

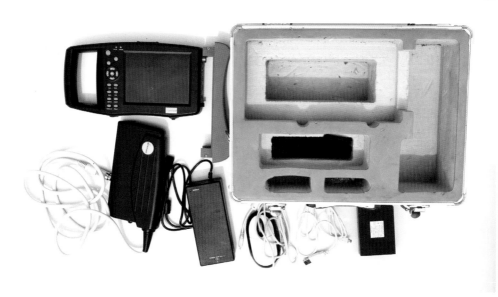

图3-38 手持便携式兽用B超仪

图3-39 第12至13肋间测定部位涂抹耦合剂或色拉油

（3）用超声波探头平行按压在牛体左侧第12至13肋间脊柱侧下方（测定部位见图3-40中a），直至超声波扫描仪主机出现清晰的图像（图3-41），然后利用主机软件计算肌肉脂肪含量(QIB指数)。

（4）用超声波探头垂直按压在牛体左侧第12至13肋间脊柱侧下方约5厘米处（测定部位见图3-40中b），直至超声波扫描仪主机出现清晰的牛眼肌轮廓和大理石花纹（图3-42），然后利用主机软件计算眼肌面积和背膘厚。

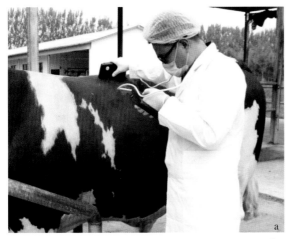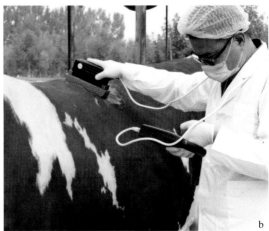

图3-40 肉牛超声波活体测定肌肉脂肪含量（a）与眼肌面积和背膘厚（b）

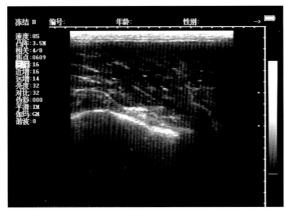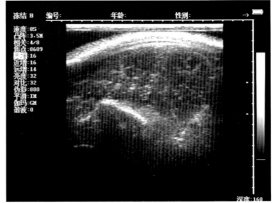

图3-41 肌肉脂肪含量扫描   图3-42 眼肌面积及背膘厚扫描

4.注意事项

（1）操作人员应有1～2年的超声波活体测定经验。

（2）牛只应自然端正地站在平坦、坚实的地面上，头部前伸。

（3）测定部位应刷拭干净，涂抹足量的耦合剂或色拉油。

（4）超声波探头应紧贴牛的皮肤。

第四章 | 体型鉴定
CHAPTER 4

第一节 肉用种牛体型外貌评定

肉牛外貌是体躯结构的外部形态，研究肉牛体型外貌的目的在于揭示外貌与生产性能和健康程度之间的关系，以便在生产上尽可能地选出生产性能高，健康状况好的牛。肉牛的外貌评定，目前是肉牛遗传评估的重要性状之一，在我国的肉牛育种工作中发挥着十分重要的作用。

一、外貌评定部位

肉牛整个躯体可分为头颈部、前躯、中躯和后躯四大部分。

1. 头颈部　在躯体的最前端，以鬐甲和肩端的连线与躯干分界，包括头和颈两部分。

2. 前躯　在颈之后、肩胛骨后缘垂直切线之前，而以前肢诸骨为基础的体表部位，包括鬐甲、前肢、胸等主要部位。

3. 中躯　是肩、臂之后，腰角与大腿之间的中间躯段，包括背、腰、胸（肋）、腹4个部位。

4. 后躯　从腰角的前缘与中躯分界，为体躯的后端，是以荐骨和后肢诸骨为基础的体表部位，包括尻、臀、后肢、尾、乳房和生殖器官等部位。

二、评定基本要求

1. 评定人员　评定人员应经过体型评定专业培训与考核，并定期进行不同人员、区域之间比对，以保证体型评定的准确性。

2. 待评牛只　肉用种牛初评年龄建议为：公牛18～24月龄，母牛11月龄后到初产。

3. 现场评定　外貌评定时，应使被评定牛只自然地站立在宽广而平坦的场地上。评定人员通过用肉眼观察其体型外貌，并根据需要，通过手的触摸和体尺测量进行评定。

4. 基本流程　评定员应站在距牛5～8米的地方，先进行一般观察，对整个牛体环视一周，以便形成对牛体轮廓的认识，并掌握牛体各部位发育是否匀称。然后分别站在牛的前面、侧面和后面进行观察。最后，可驱使牛只自由行走，观察其四肢动作、肢势、步态和协调性。

三、评分标准

肉牛外貌评分是将牛体各部位依据其重要程度给予一定的分值，总分是100分。评定人员根据外貌要求，按理想性状打最高分的原则评定，对各部位分别评分；综合各部位评得的分数，即得出该牛的总分数，最后按评定分数确定外貌等级。具体评分标准见表4-1。

表4-1　肉用种牛外貌评分标准

		项　　目	最高分
总体结构	体型（30分）	体格：体格大，骨架大，骨骼健壮伸展	15
		外形：身体匀称，肋深广，体躯伸展平直，肌肉丰满	15
	后躯（30分）	腰：多肉，厚，壮，深	10
		尻：长，平，尾根清晰，方正	9
		腿：长，深，厚而饱满	11
	四肢（12分）	四肢正位，腿姿正确，关节明显，系强壮	12
	前躯（18分）	背：厚，肌肉发达，强壮	7
		肋：开张，深	5
		肩胛：平整，肌肉明显	4
		颈：长而清晰	1
		前胸：整洁	1
	种用特征（10分）	头：公牛或母牛的雄、雌性特征明显 公牛睾丸形状、大小合适，母牛乳房结构好	5
		活力：精神饱满，行动自若	5

肉牛外貌等级根据体型评定成绩和牛只性别确定，一般划分四个等级，详见表4-2。

表4-2　肉牛种牛外貌等级评定表

等级	特级	一级	二级	三级
公牛	≥85	80～84	75～79	70～74
母牛	≥80	75～79	70～74	65～69

第二节　肉用种牛体型线性评定

体型线性评定是对肉牛体型进行数量化的评定方法。针对每个体型性状，按生物学特性的变异范围，定出性状的最大值和最小值，然后以线性尺度进行评分。一套完善的体型线性评分办法包括线性分评定、线性分—功能分转换表以及功能分—总体评分转换办法三部分，其中功能分—总体评分的转换办法需要在大量调查的基础上得出生物学和经济学参数之后才能得出。

肉牛不同品种体型特征、生物学特性变异范围差异较大，目前没有专用的肉牛品种体型线性评定国家标准或行业标准。本书推荐的体型线性评定以西门塔尔牛体型性状为主要参考，且还有待完善，建议作为个体选配参考，也可为其他专门肉牛品种体型线性评定标准制定提供参考。

一、评分标准

在进行肉用牛的线性评分时，首先以一个理想个体为模型，按每一性状的两个生物学极端表现进行分值分配。肉牛体型部位名称详见图4-1。至于肉用牛评定的时间，公牛最好在18～24月龄，母牛最好在初产后30～180天进行第一次线性体型评分。评分部位的选择是与肉牛经济性状紧密相关的。结合我国肉牛育种实际，遵循便于操作的原则，本书建议采用9分制评分办法，对肉牛19个体型性状进行评分。

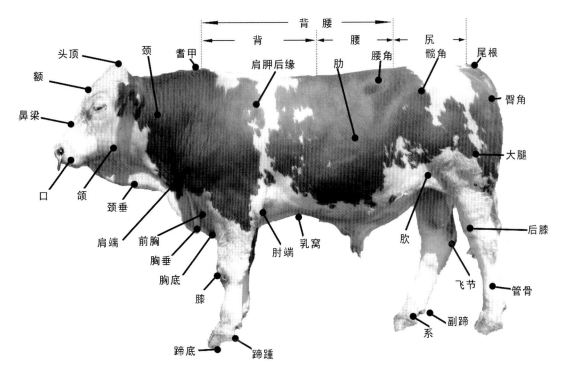

图4-1　肉牛体型部位名称

体型线性评定时，评定人员还应记录评定牛只的牛号、所属牛场、出生日期、产犊日期、胎次、评定日期等。体型线性评分登记表见表4-3。

表4-3　肉牛体型线性评分登记表

牛号： 产犊日期：					所属牛场： 胎次：										出生日期： 评定日期：			
躯体结构					肢蹄				肌肉度						细致度		睾丸	乳房
十字部高	背腰	背长	胸深	尻深	尻角度	前肢前视	后肢侧视	后肢后视	蹄角度	肩宽	髋宽	腰厚	臀宽	尻长	尻宽	管围	皮厚	睾丸	乳房

二、体型线性评定方法

1.**十字部高**　衡量肉牛体型高低的重要指标。指肉牛站立时，从肉牛十字部位至地面的垂直高度（图4-2）。高度适中为5分，过低为1分，过高为9分。

2.**背腰**　用以评定肉牛脊椎的连接强度及腰椎横突发育状况。肉牛背腰整体上应平直有力，腰部无明显凹陷或松懈处。成母牛或青年牛在接近产犊时，腰部略有凹陷。总体上讲，肉牛背腰平直有力最为理想。平直强壮评为5分，较凹状突出为1分，较弓的突出为9分（图4-3）。

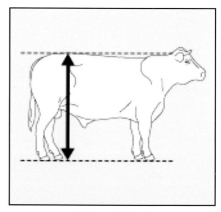

图4-2　十字部高

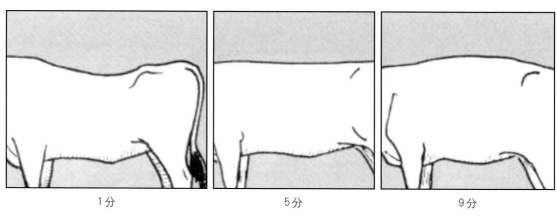

1分　　　　　　　5分　　　　　　　9分

图4-3　背腰

3.**背长**　衡量肉牛体格长度的重要指标。指从肉牛肩胛前缘到髋结节的水平长度，长度适中为5分，过短为1分，过长为9分（图4-4）。

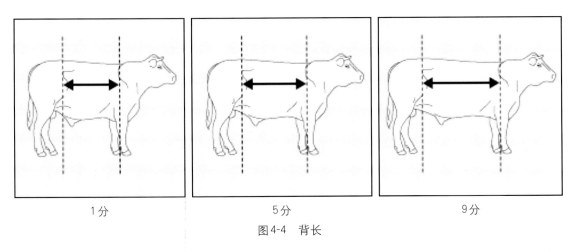

1分　　　　　　　　　5分　　　　　　　　　9分

图4-4　背长

4.**胸深**　从牛侧面观察，牛肩胛后缘的胸背部顶点到前肢后缘处胸下垂部的垂直深度，适中评为5分，过浅评为1分，过深评为9分（图4-5）。

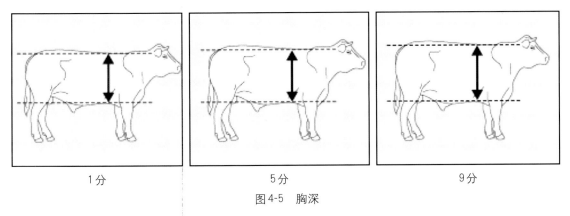

1分　　　　　　　　　5分　　　　　　　　　9分

图4-5　胸深

5.**尻深**　牛十字部后缘的腰背顶点到大腿前的腹部下缘的垂直深度，适中评为5分，过浅评为1分，过深评为9分（图4-6）。

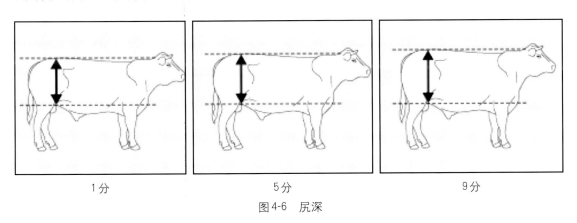

1分　　　　　　　　　5分　　　　　　　　　9分

图4-6　尻深

6.**尻角度**　从牛的侧面观察，从腰角到臀部的坐骨结节端所形成的倾斜角度。腰角略平于尾根，腰角高于坐骨端约2厘米，评5分；若腰角明显低于坐骨结节端，为极逆斜，评1分；若腰角明显高于坐骨结节端过多，评9分（图4-7）。

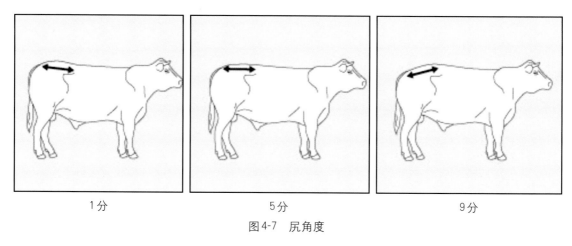

1分　　　　　　　　　　5分　　　　　　　　　　9分

图4-7　尻角度

7.**前肢前视**　反映肉牛的运动能力和承重能力，在放牧条件下和肉牛育肥后期体重较大时有重要意义。从牛的正前方观察两前肢所包括的肩胛、臂和下前肢，主要观察两前下肢形成的角度，两前肢垂直地面且平行评为5分；如果有严重的内倾评为1分；较外翻，呈X状评为9分（图4-8）。

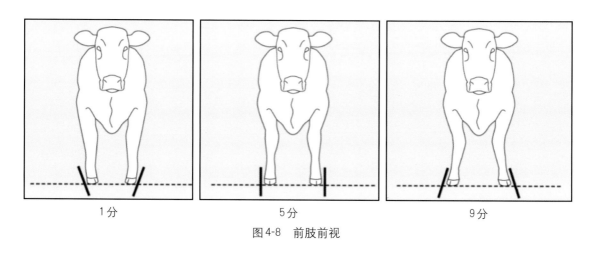

1分　　　　　　　　　　5分　　　　　　　　　　9分

图4-8　前肢前视

8.**后肢侧视**　反映肉牛的运动能力和承重能力，在放牧条件下和肉牛育肥后期体重较大时有重要意义。从牛的侧面观察后肢飞节的角度，适度弯曲，角度为145°时为适中，评为5分；飞节弯曲较多，角度为135°呈镰刀状，评为9分；飞节平直，角度大于155°时，评为1分（图4-9）。

9.**后肢后视**　反映肉牛的运动能力和承重能力，在放牧条件下和肉牛育肥后期体重较大时有重要意义。从牛的正后方观察两后肢，主要观察两后肢形成的角度。如果有严重的内倾评为1分；两后肢垂直地面且平行评为5分；外翻，呈X状评为9分（图4-10）。

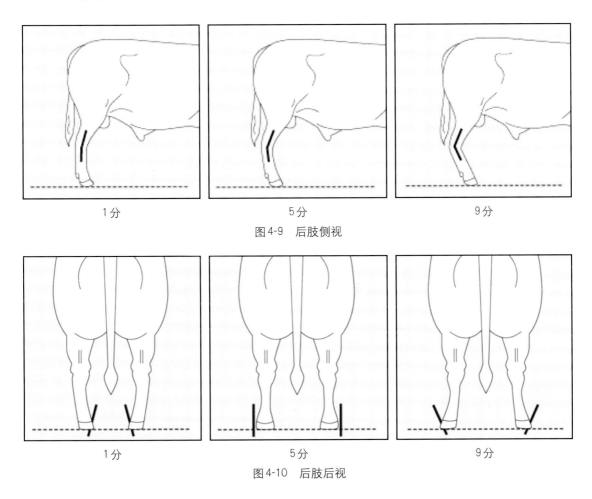

图 4-9 后肢侧视

图 4-10 后肢后视

10.蹄角度 衡量肉牛蹄部的骨骼发育和支撑情况，对母牛的使用寿命和育肥牛后期有重要意义。从牛的侧面观察，四肢悬蹄部与蹄部之间的区域长短和后蹄壁前沿与地面所形成的夹角，蹄角度最为理想应为65°，评为5分；角度过小时评为1分，过大时评为9分（图4-11）。

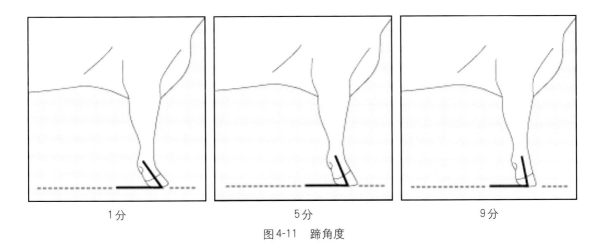

图 4-11 蹄角度

11.**肩宽** 衡量肉牛肩部的肌肉发育情况，观察牛肩部与胸部结合处背部的肌肉发达程度，以宽度为指标，20厘米为中等，评为5分；过窄时评为1分；过宽时评为9分（图4-12）。

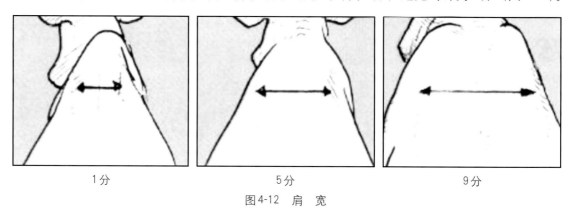

1分　　　　　　　　　　5分　　　　　　　　　　9分

图4-12　肩　宽

12.**髋宽** 衡量肉牛腰部的肌肉发育情况。观察牛腰部肌肉发达程度，以左右髋结节的宽度为指标，30厘米为中等，评为5分；过窄时评为1分；过宽时评为9分（图4-13）。

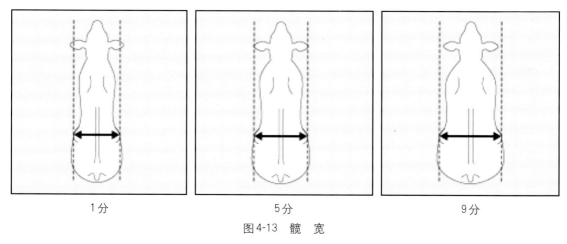

1分　　　　　　　　　　5分　　　　　　　　　　9分

图4-13　髋　宽

13.**腰厚** 从侧面观察腰角的状态和腰部肌肉向上突起的程度，腰角上部的肌肉厚度为评定指标。腰部平整圆润，十字部及腰角骨骼不明显，腰角上部的肌肉厚度7厘米评为5分；十字部及腰角不平整，骨骼明显，肌肉很少时评为1分；腰部肌肉圆润充实，肌肉过厚评为9分（图4-14）。

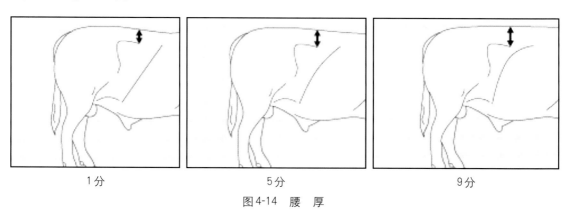

1分　　　　　　　　　　5分　　　　　　　　　　9分

图4-14　腰　厚

14.**臀宽** 衡量肉牛臀部肌肉的发育情况，从肉牛后部观察，肉牛臀部水平最宽处的宽度，适中为5分，过窄为1分，过宽为9分（图4-15）。

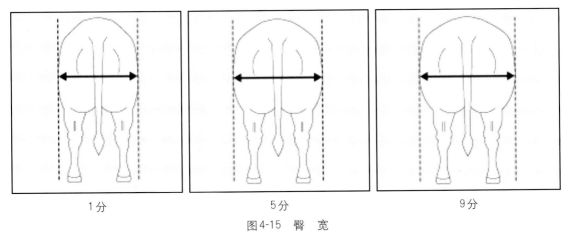

1分　　　　　　　5分　　　　　　　9分

图4-15　臀　宽

15.**尻长** 衡量肉牛臀部的骨骼发育情况和肌肉丰满程度，从侧面观察牛髋角前缘到臀部后缘水平宽度，宽度适中评为5分，较窄评为1分，较宽评为9分（图4-16）。

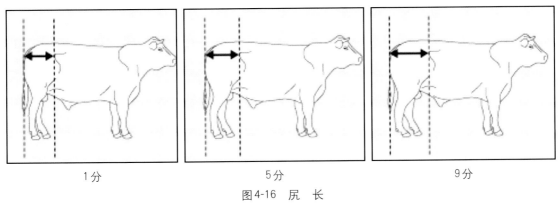

1分　　　　　　　5分　　　　　　　9分

图4-16　尻　长

16.**尻宽** 衡量肉牛骨盆腔大小的指标，对母牛产犊的难易度有重要意义。整体上应该长且宽，坐骨结节略低于髋骨。以臀端两坐骨结节的宽度进行评分。两坐骨结节间宽20厘米为中等评5分，极窄个体评1分，极宽评9分（图4-17）。

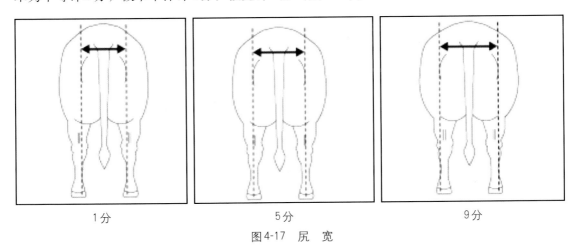

1分　　　　　　　5分　　　　　　　9分

图4-17　尻　宽

17.管围 衡量肉牛骨量的重要指标。管围17厘米为适中，评为5分；管围过小时评为1分，管围过大评为9分（图4-18）。

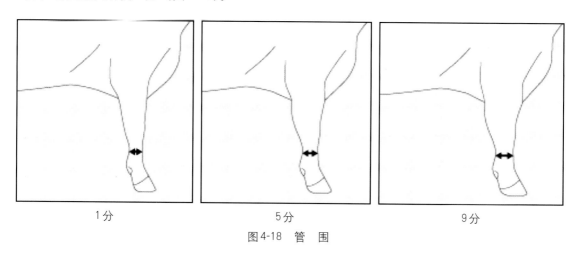

1分　　　　　　5分　　　　　　9分

图4-18　管　围

18.皮厚 用手触摸为准，最后肋弓后15厘米处，腹部侧壁皮肤不紧包肌肉的部位，用二指提起牛皮，一般当二折叠皮捏在手指中时，厚度不到1.5厘米为适中，评为5分；厚度过薄时评为1分，过厚时评为9分（图4-19）。

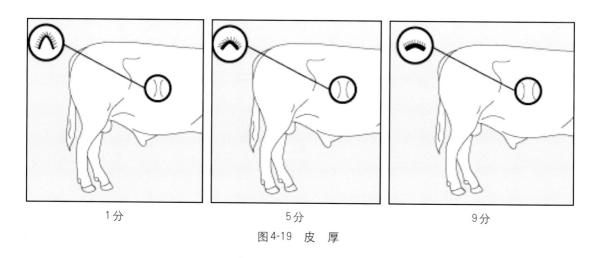

1分　　　　　　5分　　　　　　9分

图4-19　皮　厚

19.母牛乳房 衡量母牛带犊能力的重要指标，按乳房前延后伸的程度决定分值。先从侧面观察乳房的前房附着，乳房与体壁的连接处的前房附着应该是长的，平滑的，紧密的，乳房底部应平整。前房附着较平滑，大小适中，评5分；底部不平整，乳房过小，评1分；前房附着突出明显，乳房过深且向后突出，评9分（图4-20）。

20.公牛睾丸 衡量肉牛公牛繁殖能力和作为种用的生产性能的重要指标，与种牛的采精量有重要关系。从公牛两侧及后方观察睾丸的大小、位置和形状。先看睾丸大小，睾丸围在35厘米左右评5分，过大时评为9分，过小时评1分。另外两睾丸都应完全垂入阴囊中，且应大小一致，与腹部距离适中，否则可酌情扣分。单睾或隐睾都应评为1分。

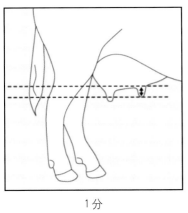 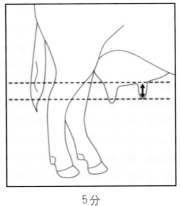 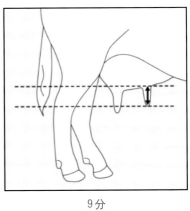

| 1分 | 5分 | 9分 |

图4-20 母牛乳房评定要求

三、线性分与功能分转换方法

肉用西门塔尔牛体型性状线性分与功能分的转换，详见表4-4。

表4-4 肉用西门塔尔牛体型线性评分表转换表

类别	躯体结构						肢蹄				肌肉度						细致度		睾丸	乳房
权重	30%						15%				40%						10%		5%	5%
项目	十字部高	背腰	背长	胸深	尻深	尻角度	前肢前视	后肢侧视	后肢后视	蹄角度	肩宽	髋宽	腰厚	臀宽	尻长	尻宽	管围	皮厚	睾丸	乳房
权重	4%	5%	7%	6%	5%	3%	5%	3%	3%	4%	8%	7%	8%	5%	5%	7%	6%	4%	5%	5%
1	2	2.5	3.5	3	2.5	1.5	2.5	1.5	1.5	2	4	3.5	4	2.5	2.5	3.5	3	2	2.5	2.5
2	2.4	3.5	4.2	3.6	3	2.1	3.5	2.1	2.1	2.4	4.8	4.2	4.8	3	3	4.2	4.2	2.8	3.5	3.5
3	2.6	4	4.55	3.9	3.25	2.4	4	2.55	2.4	2.8	5.2	4.55	5.2	3.25	3.25	4.55	4.8	3.2	4	4
4	2.8	4.5	4.9	4.2	3.5	2.7	4.5	3	2.7	3.2	5.6	4.9	5.6	3.5	3.5	4.9	5.4	3.6	4.5	4.5
5	3	5	5.25	4.5	3.75	3	4.75	2.85	3	3.6	6	5.25	6	3.75	3.75	5.25	5.7	4	5	5
6	3.2	4.5	5.6	4.8	4	2.7	5	2.7	2.7	4	6.4	5.6	6.4	4	4	5.6	6	3.6	4.5	4.5
7	3.4	4	5.95	5.1	4.25	2.4	4.25	2.4	2.4	3.4	6.8	5.95	6.8	4.25	4.25	5.95	5.1	3.2	4	4
8	3.6	3.5	6.3	5.4	4.5	2.1	3.5	2.1	2.1	2.8	7.2	6.3	7.2	4.5	4.5	6.3	4.2	2.8	3.5	3.5
9	4	2.5	7	6	5	1.5	2.5	1.5	1.5	2	8	7	8	5	5	7	3	2	2.5	2.5

四、体型等级划分

体型等级根据体型线性评定结果计算出的体型评定总分进行划分，共分为6个等级，划分标准详见表4-5。

表4-5　体型等级划分标准

体型评定等级	体型总分
优秀（Excellent, EX）	90～100
很好（Very Good, VG）	85～89
好+（Good Plus, GP）	80～84
好（Good, G）	75～79
一般（Fair, F）	65～74
差（Poor, P）	65以下

第五章 | 性能测定管理
CHAPTER 5

　　种公牛站和核心育种场是开展肉牛性能测定的主体，需严格按照性能测定要求对肉牛个体进行性能测定。针对我国实际情况，肉牛个体性能测定建议采用场内测定，依靠处于不同场的个体之间的亲缘关系进行遗传评定和相互比较。

第一节　基本要求

一、测定要求

　　（1）要制定年度性能测定方案和月测定计划。

　　（2）尽量做到每月测定，并且测定时间相对固定，以减少测定误差，每一项测定要求测定前一天做好准备，包括需要测定牛号、测定项目、测定人员等。

　　（3）需有两名以上测定人员，并定期参加相关培训。

　　（4）在进行肉牛个体测定时，应使被测定牛只自然地站在平坦的场地上，肢势端正，头应自然前伸。进行体型外貌评定和线性评定时，应站在牛的前面、侧面和后面分别进行观察。

　　（5）严格按肉牛生产性能测定技术要求进行测定，测定工作要保持连续性和长期性。

　　（6）实际测定日期尽量与各发育阶段年龄相接近，也可以采取每月集中测定，但实际测定日期与发育阶段年龄相差不得超过30天（初生重除外）。

　　（7）测定器具要定期进行校正，并做好记录。

二、记录要求

　　（1）测定结果的记录要做到及时、完整和准确。

　　（2）记录时务必注明测定日期。

　　（3）记录的管理要便于经常调用和长期保存，要完整保存测定原始记录，并及时整理到计算机保存。

　　（4）按照肉牛生产性能测定数据上报要求及时向有关部门上报各项测定记录。

第二节　测定设施设备

　　需配备完善的肉牛生产性能测定设施设备，包括超声波测定设备、测定架（图5-1）、地磅、测杖、卷尺等（图5-2）。测定通道和测定架要设置合理，便于操作（图5-3、图5-4、图5-5）。

图5-1　沙洋汉江牛业移动式测定架

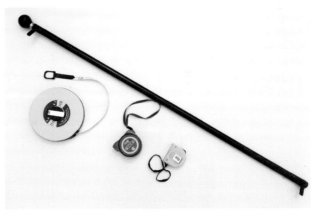

图5-2　测量工具：测杖、卷尺

图5-3　甘肃共裕进口移动式测定架及通道

图5-4　通辽固定式测定架及通道

图5-5　郏县红牛场固定式测定架及测定通道

第三节　样品采集

一、奶样采集

采样前要准备好足够数量的采样瓶，最好是带塞（或盖）的玻璃瓶，也可以用塑料瓶，采样瓶要清洗干净并消毒，不能残留水、洗涤剂或消毒药液，否则会影响样品的检测结果。

挤奶厅机械挤奶所使用的奶量瓶最好要配有流量计或带有搅拌和计量功能的采样装置，采样前要关闭挤奶阀门，打开气阀对奶量瓶内的牛奶进行搅拌，然后打开采样阀门进行采样。采样前必须进行搅拌，因为乳脂比重较小，一般分布在牛奶的上层，不经过搅拌采集的奶样会导致测出的乳成分偏高或偏低，最终导致检测结果不准确。

测定奶牛应是产后一周以后的泌乳牛，对每头泌乳牛一年测定10次，因为奶牛通常一年一胎，连续泌乳10个月，最后2个月是干奶期，每头牛每个泌乳月测定1次，2次测定间隔一般为22～33天，每次测定需对所有泌乳牛逐头取奶样，每批次每个样品采集不少于50毫升，若三次挤奶，取样按照早、中、晚比例为4：3：3取样，两次挤奶，按照早晚比例6：4进行取样。每份采样瓶中需加入0.03克重铬酸钾以防止奶样腐败变质。样品采集后，对采样瓶上下缓慢颠倒3～5次，以保证奶样与防腐剂的充分混合，并贴上标签，以免样品混淆。抽取的样品应有专人妥善保存。

样品采集后如果不能立即检测，应立即封口并进行冷却降温，在2～4℃的冰柜里冷藏储存，不能放在室温下时间过长，尤其是夏天，否则样品中细菌会繁殖，甚至会导致样品变质，直接影响检测结果。如果需要送到DHI实验室进行检测，样品要在2～4℃条件下于12小时内送达，送至实验室应立即进行检测。运输途中应尽量保持低温，不能过度摇晃。

二、血样采集

1. **采血前准备**　所采样的牛只在采样前应禁食6～8小时，此时血液中的各种生化成分较为恒定，对检测结果影响最小。因牛比较强悍，对牛进行保定时应根据具体情况进行，保定时常借助于柱栏。

2. **采血方法**

（1）颈静脉采血：助手用牛鼻钳夹住牛鼻子，采血人员首先在颈上1/3与颈中1/3交界处的颈静脉沟处剪毛、消毒，然后用左手拇指在颈静脉沟的下端紧压静脉血管，使血管充分膨胀（助手尽量将牛头部向采血一侧的对侧牵拉）；右手持10～20毫升的一次性注射器，沿静脉管方向与皮肤呈45°快速刺入血管内，如见回血则开始抽血，一般采5毫升血。采样过程中需手持注射器的针头针管结合部，以避免针管折断。

（2）尾静脉采血：采血者站在牛正后方，用左手紧握牛尾的中间并尽量高举，使牛尾从尾跟处自然高抬，保持与背中线垂直，在尾跟中线腹侧第2与第3尾椎之间（距离肛门约10cm厘米）的凹陷部正中处，垂直于纵轴进针约0.5～1厘米即可（图5-6）。此法牛应激较小，采血速度快，但不适于犊牛，以免造成犊牛尾部血管的永久性损伤。

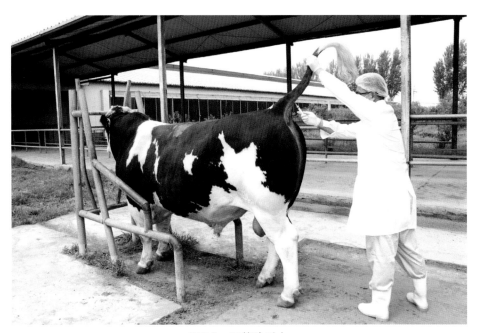

图5-6　尾静脉采血

2.注意事项　采集的血样可保存于小试管或带橡皮塞的抗生素瓶中。如果血样用于血常规检验及全血分析，应先加入一定比例的抗凝剂，以防血液凝固。若需分离血清，则不加抗凝剂。

在完成采样后的前半个小时尽量不要剧烈晃动样品，以免造成溶血而影响血清质量。

长途运送样品，在无冷藏设备的情况下，可自制短时间（少于12小时）冷藏箱，将准备好的冰块或者装有冰块的塑料瓶放入一泡沫箱周围和底部，用胶带封箱，保证密封，之后固定，及时将血样送到检测实验室。

三、耳组织样采集

利用耳缺钳（图5-7a）和耳组织专门取样枪（5-7b）进行牛耳组织的取样收集。以耳组织取样枪法为例，将取样枪放在距耳朵边缘大约2.54厘米处，注意避开耳朵上明显的静脉和凸起部分，挤压手柄获取样本，后释放手柄，使取样枪离开耳朵，尽量以快速、流畅的动作来完成采样过程，以免牛只乱动影响取样。注意，采样时若牛移动，采样人员应该跟随，不能让其顺从，以免造成危险或影响取样。

样品采集后，含有组织样本的取样管（TSU管）可在室温条件下避光保存长达1年时间，1年以上建议冷冻样品，以便长期储存。

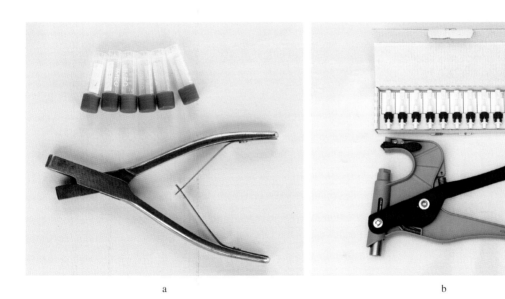

a　　　　　　　　　　　　　　　　b

图5-7　耳缺钳（a）和耳组织专门取样枪（b）

四、毛囊样采集

把牛赶到挤奶厅或者可以固定牛头的栅栏前保定。采样人员在牛尾部牛毛最长处采集带有完整毛囊的牛毛，牛毛样品装于洁净的封口袋中，封口并做好标记，标记牛号、牧场与采样日期。要求牛毛囊在40个以上，并及时将毛囊样送到检测实验室。

第四节 公牛个体测定

一、个体信息登记

公牛个体要进行详细的个体信息登记，主要包含基本信息和系谱信息。具体记录见表5-1。

表5-1 肉牛个体信息登记表

管理号				登记号		出生日期	
品种	性别	毛色	是否纯种	是否胚移个体		是否DNA检测	
来源				现所属场站			
谱 系							
亲代信息		登记号		出生日期		备注	
祖父号							
父号							
祖母号							
外祖父号							
母号							
外祖母号							

二、个体性能测定性状

公牛个体性能测定包括生长发育、繁殖性能和超声波活体测定。生长发育性状：各阶段测定体重、体高、十字部高、体斜长、胸围、腹围、管围。繁殖性能：采精量、鲜精密度、鲜精活力、畸形率、冻后活力等。超声波活体测定：背膘厚、眼肌面积和肌间脂肪含量。

具体测定及记录内容见表5-2、表5-3和表5-4。

表5-2 公牛个体生长发育记录

牛号：_____ 所属场站：_____ 出生日期：_____ 断奶日期：_____

发育阶段	体重（千克）	体重测定日期	体 尺（厘米）							体尺测量日期	测定员
			体高	十字部高	体斜长	胸围	腹围	管围	睾丸围		
初生											
断奶											
12月龄											

（续）

发育阶段	体重（千克）	体重测定日期	体 尺（厘米）							体尺测量日期	测定员
			体高	十字部高	体斜长	胸围	腹围	管围	睾丸围		
18月龄											
24月龄											

表5-3　公牛繁殖性能记录

牛号：_____　所属场站：_____　记录员：_____

采精日期	采精量（毫升）	鲜精密度（亿个/毫升）	鲜精活力	冻后活力	畸形率	采精员

表5-4　公牛超声波活体测定记录

所属场站：_____

牛 号	出生日期	背膘厚（厘米）	眼肌面积（厘米^2）	肌间脂肪含量	测定日期	测定员

第五节　母牛个体测定

一、个体信息登记

母牛个体要进行详细的个体信息登记，主要包含基本信息和系谱信息。具体记录见表5-1肉牛个体信息登记表。

二、个体性能测定性状

母牛个体性能测定包括生长发育、繁殖性能和超声波活体测定。生长发育性状：各阶段测定体重、体高、十字部高、体斜长、胸围、腹围、管围。繁殖性能：配种记录、产犊记录等。超声波活体测定：背膘厚、眼肌面积和肌间脂肪含量。

母牛生产发育、配种记录和产犊记录内容见表5-5、表5-6和表5-7，超声波活体测定记录内容同表5-4。

表5-5 母牛个体生长发育记录

牛号：_____ 所属场站：_____ 出生日期：_____ 断奶日期：_____

发育阶段	体重（千克）	体重测定日期	体 尺 (厘米)						体尺测量日期	测定员
			体高	十字部高	体斜长	胸围	腹围	管围		
初生										
断奶										
12月龄										
18月龄										
24月龄										

表5-6 母牛配种记录

所属场站：_____ 记录员：_____

母牛号	第一次配种时间	与配公牛	第二次配种时间	与配公牛	第三次配种时间	与配公牛	预产期

表5-7 母牛产犊记录

所属场站：_____ 记录员：_____

母牛号	产犊日期	胎次	犊牛编号	犊牛性别	产犊难易度				备注（是否双胎等）
					顺产	助产	引产	剖腹产	

第六章 | 后裔测定

CHAPTER 6

后裔测定(Progeny Test)是根据公牛后裔的生产性能测定记录,体型外貌评分以及繁殖、健康等功能性状相关数据,对公牛各性状育种值进行估计,以此评定公牛种用价值是迄今为止最科学、最精确的评定种公牛种用价值的方法。由于人工授精技术的普及,使得优秀种公牛遗传优势能够充分发挥,且成本低,效率高。因此准确地选育和识别具有优良基因的优秀种公牛是牛育种工作的核心,也是牛群体遗传改良的关键,对肉牛群体生产水平的提高起着至关重要的作用。

目前我国还没有已发布的肉牛后裔测定技术标准,本书参照《中国荷斯坦公牛后裔测定技术规程》(GB/T 35569—2017)和金博肉用牛后裔测定联合会相关技术规范,并结合基本育种理论与我国肉牛育种现状,汇总以下内容,供广大肉牛育种者参考使用。

第一节 基本要求

一、实施主体

种公牛站、核心育种场等肉牛育种机构为肉牛后裔测定实施的主体。肉牛育种机构应持有行业主管部门核发的种畜禽生产经营许可证。

二、主要组织形式与流程

肉牛后裔测定可通过自行组织或联合开展等形式。目前主要以成立联合育种组织的形式开展。图6-1是肉牛后裔测定基本流程。

三、参测公牛基本条件

(1)品种特征明显,生长发育达到品种标准,外貌评定一级以上;身体健康,四肢健壮,双侧睾丸发育良好。

(2)经过计划选配产生,三代以上系谱完整,系谱指数或全基因组育种值达到选择标准。

(3)经检测确认不携带国际公认的主要遗传缺陷基因。

(4)繁殖能力正常,冷冻精液品质符合GB 4143要求。

(5)年龄在12～24月龄。

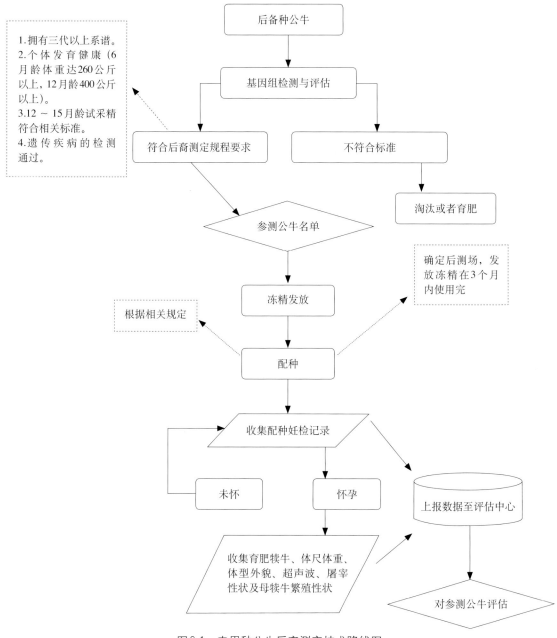

图6-1 肉用种公牛后裔测定技术路线图

四、后裔测定场的基本要求

（1）饲养单一品种基础母牛或肥育肉牛规模在100头以上，饲养管理规范，牛群健康水平良好。

（2）场内牛只个体登记号、系谱档案、配种、繁殖和健康记录完整、规范。

（3）具备肉牛生产性能测定能力，并能按照《肉牛生产性能测定技术规范》（NY/T 2660—2014）要求执行。

（4）自愿承担公牛后裔测定工作，并设有专人管理，能按要求完成公牛后裔测定的各项工作。

五、后裔测定冻精的分配与使用

（1）每头参测青年公牛应试配冷冻精液200剂以上。

（2）每头参测青年公牛的试配冷冻精液至少分配到5个不同省（直辖市、自治区）10个后裔测定场，每个省（直辖市、自治区）至少分配至2个后裔测定场。

（3）使用参测青年公牛试配冷冻精液配种应遵循随机原则，并在3个月内完成配种工作。

（4）每头参测青年公牛后代数不少于50头。

六、数据收集

1.后裔测定场应在试配冷冻精液分发后6个月内，汇总、报送每头参测青年公牛配种和母牛妊娠记录（表6-1）。

表6-1　参测青年公牛配种及母牛妊娠记录表

牛场代码	参测公牛管理号	配种记录				妊娠记录		
		与配母牛登记号	与配母牛胎次	配种日期	配种员	冻精剂数	妊检结果	妊娠鉴定日期

2.后裔测定场应在试配冷冻精液分发后18个月内，汇总、报送每头参测青年公牛后代出生记录（表6-2），并将参测青年公牛健康后代全部保留。

表6-2　参测青年公牛后代出生记录表

牛场代码	参测公牛管理号	与配母牛登记号	与配母牛品种	产犊日期	犊牛登记号	犊牛性别	犊牛毛色	初生重（千克）	产犊难易性[a]	犊牛生活力[b]	备注[c]

a.1-顺产；2-助产；3-引产；4-难产（剖腹产）。
b.1-死胎；2-出生后24小时内死亡；3-出生后48小时死亡；4-成活。
c.1-流产；2-雌性双胎；3-雄性双胎；4-异性双胎。

3.参测青年公牛所有健康后代应规范开展生产性能测定，并按要求汇总、报送生产性能测定数据。

4.参测青年公牛所有健康后代应在15～18月龄由专业鉴定员进行体型外貌评定，2个鉴定员之间须有至少15头后代的交叉评定，并汇总、报送评定结果（表6-3）。

表6-3　参测青年公牛后代体型外貌评定记录表

参测公牛管理号	后代牛登记号	总体结构 90分											种用特征 10分		总分	鉴定员	鉴定日期
		体型结构 30分		后躯 30分			四肢 12分	前躯 18分									
		体格	外型	腰	尻	腿	四肢	背	肋	肩胛	颈	前胸	头、睾丸或乳房	活力			
		15分	15分	10分	9分	11分	12分	7分	5分	4分	1分	1分	5分	5分			

5.参测青年公牛的雄性后代应在18月龄屠宰，并按规范测定胴体性状和肉质性状。

6.后裔测定各项测定数据由后裔测定主体单位收集，统一报送至国家肉牛遗传评估中心。

第二节　应用现状

目前我国肉用种公牛后裔测定工作正处于起步探索阶段，在国家肉牛遗传改良计划领导小组的具体指导下，由金博肉用牛后裔测定联合会、种公牛站、后裔测定场和国家肉牛遗传评估中心具体实施。

一、具体分工

（1）金博肉用牛后裔测定联合会负责后裔测定计划的制定，试配冷冻精液的分配和使用，实施过程的监督以及后裔测定数据的收集、汇总与报送。

（2）种公牛站负责培育参测青年公牛、提供试配冷冻精液、收集后裔测定数据。

（3）后裔测定场负责后裔生产性能的测定，收集与后裔测定工作相关的配种、产犊、健康等数据。

（4）国家肉牛遗传评估中心负责参测青年公牛后裔测定数据分析和遗传评定。

二、主要进展

金博肉用牛后裔测定联合会成立于2015年，紧密围绕肉用牛遗传改良工作目标，充分整合14家种公牛站和核心育种场等会员单位的优势资源，为形成我国肉牛后裔测定体系与合作模式奠定了重要基础。

2016年，金博肉用牛后裔测定联盟首次组织实施后裔测定工作。参测单位共有9家，参测种公牛32头，确定后裔测定场27家，累计交换冻精6 220支，发放冻精5 860支，使用冻精4 559剂，配种2 684头，产犊1 386头，断奶数据收集889组，育肥牛351头，最终屠宰216头。2017年后裔测定参测单位共有10家，参测种公牛23头，后裔测定场25家，累计交换冻精6 200支，使用冻精5 640支，配种3 650支，产犊665头。2018年后裔测定参测单位共有7家，参测种公牛16头，累计交换冻精3 200支，使用冻精2 000支。

后裔测定的性状包括生长发育性状、屠宰性状和肉质性状。对不同性状，后裔的数据直接影响种公牛育种值估计的准确性，如表6-4所示，当性状的遗传力为0.4，后裔数量为40头时，育种值估计的准确性能达到0.904。

表6-4 后裔测定不同遗传力性状和后裔数量对育种值估计准确性的影响

项目		性状遗传力						
		0.1	0.2	0.3	0.4	0.5	0.6	0.7
后裔数量（头）	1	0.158	0.224	0.274	0.326	0.354	0.387	0.418
	10	0.452	0.587	0.669	0.726	0.767	0.799	0.921
	20	0.659	0.782	0.842	0.877	0.900	0.917	0.930
	40	0.712	0.823	0.874	0.904	0.923	0.936	0.946
	50	0.749	0.851	0.896	0.921	0.937	0.948	0.956
	100	0.848	0.917	0.944	0.958	0.967	0.973	0.977

目前，已收集到2016年后裔测定的生长发育和胴体数据，其他年份的后裔测定数据仍待收集。以2016年后裔测定数据为依据，测定性状包括初生重、断奶重、6月龄重、12月龄重、18月龄重、初生—断奶日增重、6～12月龄日增重、12～18月龄日增重、育肥期日增重、胴体重、屠宰率、净肉率、胴体等级性状，评估后裔测定种牛各性状育种值估计准确性。后裔测定13个性状的基本统计量和遗传力估计如表6-5所示，遗传力为0.14～0.48，属于中高遗传力。后裔测定种公牛参测前和参测后各生长性状育种值估计的准确性如表6-6和表6-7所示，后裔测定前13个性状育种值估计准确性为0.39～0.60，参测后13个性状育种值估计准确性为0.47～0.80，可以看出经过后裔测定的种公牛，各性状育种值估计的准确性提高7%～28%，准确性最高的性状是初生重性状，平均准确性达0.74。随着2017年和2018年参测种牛生产性能测定数据的积累，后裔测定各性状育种值估计的准确性仍会提高。

表6-5 2016年后裔测定数据统计结果

性状	个体数（头）	平均值	方差	最大值	最小值	遗传力
初生重（千克）	441	42.38	5.55	60	19	0.48
断奶重（千克）	432	207.46	40.97	356.11	115.59	0.43
6月龄重（千克）	432	207.46	40.97	356.11	115.59	0.43
12月龄重（千克）	206	509.01	97.94	741.89	164.86	0.41

（续）

性状	个体数（头）	平均值	方差	最大值	最小值	遗传力
18月龄重（千克）	139	696.43	86.84	889.69	465.03	0.42
初生—断奶日增重（千克）	431	0.92	0.22	1.68	0.37	0.47
6—12月龄日增重（千克）	204	1.7	0.32	2.81	0.68	0.45
12—18月龄日增重（千克）	135	0.93	0.3	1.71	0.34	0.47
育肥期日增重（千克）	138	1.4	0.2	1.97	0.88	0.47
胴体重（千克）	59	360.91	41.58	509.6	226.2	0.45
屠宰率（%）	59	55.11	2.99	58.56	38.27	0.16
净肉率（%）	46	45.96	4.27	50.23	29.56	0.14
胴体等级	32	3	0.56	5	2	0.32

表6-6　2016年各公牛站后备种公牛未经后裔测定各性状育种值估计准确性

公牛站	种公牛（头）	初生重（r^2）	断奶重（r^2）	6月龄重（r^2）	12月龄重（r^2）	18月龄重（r^2）	24月龄重（r^2）	初生—断奶日增重（r^2）	6—12月龄日增重（r^2）	12—18月龄日增重（r^2）	18—24月龄日增重（r^2）	体型评分（r^2）
内蒙古天和	2	0.63	0.59	0.59	0.50	0.49	0.51	0.62	0.52	0.53	0.48	0.47
通辽京缘	2	0.57	0.52	0.52	0.51	0.51	0.52	0.56	0.52	0.54	0.50	0.49
吉林德信	5	0.60	0.57	0.57	0.56	0.56	0.57	0.60	0.57	0.59	0.55	0.52
山东省站	5	0.54	0.48	0.48	0.48	0.49	0.50	0.52	0.49	0.52	0.48	0.47
河南鼎元	4	0.56	0.52	0.52	0.50	0.50	0.52	0.56	0.52	0.54	0.50	0.48
许昌夏昌	3	0.53	0.48	0.48	0.47	0.47	0.49	0.52	0.49	0.52	0.47	0.46
洛阳洛瑞	3	0.53	0.49	0.49	0.47	0.48	0.49	0.53	0.49	0.52	0.47	0.47
云南恒翔	3	0.54	0.50	0.50	0.49	0.50	0.51	0.54	0.51	0.53	0.49	0.48
新疆天山	1	0.53	0.39	0.39	0.48	0.48	0.50	0.42	0.49	0.52	0.47	0.46
平均值		0.57	0.51	0.51	0.50	0.50	0.51	0.55	0.52	0.54	0.49	0.48

表6-7　各公牛站西门塔尔牛经后裔测定育种值估计准确性

公牛站	种公牛（头）	后代数（头）	初生重（r^2）	断奶重（r^2）	6月龄重（r^2）	12月龄重（r^2）	18月龄重（r^2）	24月龄重（r^2）	初生—断奶日增重（r^2）	6—12月龄日增重（r^2）	12—18月龄日增重（r^2）	18—24月龄日增重（r^2）	体型评分（r^2）
内蒙古天和	2	29	0.75	0.71	0.71	0.61	0.56	0.50	0.74	0.64	0.59	0.50	0.62
通辽京缘	2	12	0.76	0.72	0.72	0.62	0.57	0.51	0.75	0.64	0.60	0.50	0.67
吉林德信	5	98	0.80	0.77	0.77	0.66	0.61	0.53	0.80	0.68	0.64	0.55	0.72
山东省站	5	76	0.74	0.70	0.70	0.59	0.56	0.49	0.73	0.60	0.59	0.48	0.65
河南鼎元	5	57	0.74	0.71	0.71	0.64	0.56	0.50	0.74	0.66	0.59	0.50	0.65
许昌夏昌	3	24	0.63	0.55	0.55	0.50	0.48	0.47	0.60	0.53	0.53	0.47	0.52
洛阳洛瑞	3	75	0.79	0.76	0.76	0.69	0.51	0.48	0.78	0.71	0.56	0.47	0.71
云南恒翔	3	45	0.66	0.62	0.62	0.54	0.51	0.49	0.66	0.57	0.54	0.49	0.56
新疆天山	1	24	0.73	0.67	0.67	0.62	0.56	0.48	0.71	0.64	0.59	0.47	0.63
平均值			0.74	0.70	0.70	0.61	0.55	0.50	0.73	0.63	0.59	0.49	0.64

第七章 | 遗传评估
CHAPTER 7

遗传评估（Genetic Evaluation）是指评估个体单个或多个性状遗传价值的过程。一般为常规遗传评估和基因组育种值评估。相对常规遗传评估，基因组育种值评估不仅能够利用表型记录和系谱信息，更充分利用了基因组信息，育种值评估的准确性更高。

第一节　肉牛遗传评估方法发展历程

遗传评估主要是估计个体的育种值及其准确性，是动物育种工作核心内容之一。遗传评估方法随着育种技术的进步而不断优化，估计的准确性也不断提高，为选育提供了重要依据。

一、孟德尔遗传学

19世纪中期，奥地利遗传学家孟德尔进行了8年豌豆杂交试验后发现了遗传规律，为遗传学的发展奠定了基础。一百多年来，随着人们在遗传领域研究的逐步深入，遗传学经历了由孟德尔遗传学到群体遗传学，再到数量遗传学的过程。

二、选择指数法提出

自19世纪90年代以来，以线性模型为基础的数量遗传学逐渐完善。1936年，Smith最早提出了选择指数法，它是通过对不同来源的信息（个体本身及亲属）进行适当的加权而合并为一个指数，并将它作为育种值的估计值。1943年，Hazel将选择指数法引入动物育种后，出现了各种选择指数法，按时间顺序大致可分为约束选择指数法、最宜选择指数法和自由权重选择指数法等。之后由于人工授精技术的出现，群体比较法随之出现，这一阶段的主要方法有同群比较法、同期同龄女儿比较法、改进的同期同龄女儿比较法和预测差值法等。选择指数法的发展大大丰富了动物遗传育种理论，但在实际的动物育种中，选择的大部分数量性状受环境的影响，选择指数法很难达到理论上的预期效果，自身的缺陷制约其在动物育种中的应用。

三、BLUP法提出

1948年，美国学者Henderson提出了最佳线性无偏预测（Best Linear Unbiased Prediction，BLUP）方法。这个方法本质上是选择指数法的一个推广，但它可以在估计育种值的同时对系统环境效应进行估计和校正。直到20世纪80年代以来，随着数理统计学（尤其是线性模型理论）、计算机科学、计算数学等领域的迅速发展，家畜育种值估计的方法发生了根本的变化，以线性混合模型为基础的现代育种值估计方法——BLUP育种值估计法，将畜禽遗传育种的理论与实践带入到一个新的发展阶段，此方法广泛应用于育种实践当中，使得育种准确性大大提高，因此，BLUP方法一直沿用至今。

四、标记辅助选择的应用

20世纪80年代以后，随着分子遗传学的发展，限制性片段长度多态性（Restriction Fragment Length Polymorphism，RFLP）、单核苷酸多态性（Single Nucleotide Polymorphisms，SNP）等分子遗传标记相继被发现，现代育种技术逐渐从表型选择转到基因型选择，越来越多的育种技术被提出并得以应用。标记辅助选择（Marker Assisted Selection，MAS）是最先被提出来的一种对重要经济性状进行间接选择的分子育种方式，其优点是不直接利用性状本身的信息，而是利用与性状相关联的遗传标记进行间接选择。这种遗传标记通常是DNA标记。然而，标记辅助选择的主要缺点是目前发现的可用标记并不多，仅通过这些有限的标记只能与一部分基因进行连锁，而复杂性状都是由微效多基因控制的，所以复杂性状的效应无法被准确估计，这在一定程度上制约了标记辅助选择的应用。

五、基因组选择的应用

2001年Meuwisen等提出了基因组选择(Genomic Selection，GS)，提高了对微效基因控制的复杂性状的选择能力。基因组选择理论是由标记辅助选择演变而来的，将其应用于家畜育种，实现了在基因组范围内通过高密度标记对个体进行基因组育种值的估计。基因组选择的一个基本假设是，影响数量性状的每一个数量性状座位（Quantitative Trait Locus，QTL）都与高密度全基因组中至少一个标记处于连锁不平衡状态。因此，基因组选择能够追溯到影响目标性状的所有QTL，从而克服标记辅助选择中遗传标记仅解释少部分遗传方差的缺点，实现对育种值更准确的预测。正是基于基因组选择的这种特性，它可以进行动物的早期选择，大大缩短世代间隔。

基因组选择在刚提出来时，并没有受到太多关注，主要是由于高密度标记分型成本太高，不能直接为育种生产服务。随着分子测序技术的发展，尤其是在2006年牛全基因组高密度SNP芯片的问世，基因组选择才逐步应用于肉牛育种生产中。目前，肉牛全基因组选择已在美国、加拿大、澳大利亚、巴西和中国等国家先后开展并应用。各个国家针对不同肉牛资源群体，应用不同的芯片密度对不同的性状进行遗传评定，如表7-1所示。各个国家因肉牛的育种目标、选育体系和生产方式不同，肉牛基因组选择技术的应用策略、方式以及效果也存在差异。

表7-1　基因组选择在不同国家不同肉牛群体应用状况

国别	报道年份	品种	参考群数量	芯片密度	性状	准确性
美国	2011	安格斯	3 570	50K	生长、胴体及繁殖性状16个	0.22~0.69
美国	2012	利木赞	2 239	50K	生长、胴体、肉质及繁殖性状15个	0.39~0.76
美国	2012	西门塔尔	2 703	50K和770K	生长、胴体、肉质及繁殖性状15个	0.39~0.76

（续）

国别	报道年份	品种	参考群数量	芯片密度	性状	准确性
澳大利亚	2014	安格斯	1 743	50K	生长、胴体及肉质性状	0.05~0.58
澳大利亚	2014	短脚牛	717	50K	生长、胴体及肉质性状	0.09~0.25
澳大利亚	2014	婆罗门	3 384	50K	生长、胴体及肉质性状	0.19~0.44
日本	2014	和牛	872	50K	胴体及肉质性状	0.27~0.44
韩国	2017	韩牛	1 679	50K和770K	胴体及肉质性状	0.24~0.40
巴西	2014	内洛尔	685	770K	生长、胴体	0.17~0.74
巴西	2016	内洛尔	1 756	770K	胴体和肉质性状	0.21~0.46
加拿大	2014	安格斯	543	50K	胴体和肉质性状	0.21~0.47
加拿大	2014	夏洛莱	400	50K	胴体和肉质性状	0.21~0.47
中国	2016	西门塔尔牛	1 136	770K	生长、胴体	0.40~0.60
中国	2018	西门塔尔牛	1 302	770K	生长、胴体及肉质性状	0.30~0.44
中国	2016	和牛	460	770K	生长、生长、胴体及肉质性状	—

第二节　常规遗传评估方法

一、选择指数法

选择指数（Selection Index）是结合个体及其亲属所有信息来估计个体育种值的一种方法，是个体育种值的最佳线性预测。假设 y_1、y_2 和 y_3 分别表示个体 i 及其亲本的表型值，则个体 i 的选择指数为：

$$I_i = \hat{a}_i = b_1 (y_1 - \mu_1) + b_2 (y_2 - \mu_2) + b_3 (y_3 - \mu_3)$$

式中：b_1、b_2 和 b_3 分别是相应离均差的加权系数。在上述公式中，选择指数 I 是个体真实育种值的估计值。

选择指数的特性是：

（1）误差方差最小，即所有 $(a - \hat{a}_i)^2$ 的均值最小。

（2）真实育种值与选择指数间的相关最大，即 $r_{a,\hat{a}}$ 最大。该相关系数通常被称作育种值预测的精确性。

（3）根据选择指数对动物个体进行排序正确的概率最大。

b 值也被看作个体育种值对度量值的偏回归系数。在实际应用时，当满足以下3个前提条件时，选择指数法可以得到个体育种值的最佳线性无偏预测：

（1）用于计算指数值的所有观测值不存在系统环境效应，或者在使用前对系统环境效应进行了校正。

（2）候选个体间不存在固定遗传差异，既全部待测个体源于同一遗传基础的群体。

（3）所涉及的各种群体参数，如误差方差协方差、育种值方差协方差等是已知的。

由于第 2 个条件的限制，选择指数法往往不能用于对不同畜群和不同世代的个体的比较，因为它们之间可能存在固定遗传差异。因而选择指数法存在很大的缺陷。

（一）单一记录

当一头动物只有一个表型记录可被利用时，个体 i 的估计育种值（$\hat{a}_i$）用下式计算：

$$\hat{a}_i = b(y_i - \mu)$$

式中：b 是真实育种值对表型值的回归系数；如前所述，μ 是同一管理群的性状平均数而且假设已知。

（二）重复记录

当个体同一性状有多次度量值时，育种值可以通过这些重复记录的平均数进行预测。由于非遗传的永久性环境效应的影响，个体记录间具有额外的协方差。因此，个体间方差由遗传方差和环境方差(永久环境效应方差)组成。组内相关通常称作重复力(Repeatability)，用于度量个体多次记录间的相关。假设重复记录间的遗传相关总是等于 1，同时也假设重复记录间的环境相关都相同。$\bar{y}$ 表示个体 i 的 n 个记录的平均数，则可推出：

$$b = \sigma_a^2 / [t + (1 - t)/n] \quad \sigma_y^a = nh^2 / [1 + (n - 1)t]$$

b 取决于遗传力、重复力和记录个数。

（三）基于后裔记录估计育种值

对于只有雌性动物才有记录的限性性状，公畜的育种值需根据后裔的平均值进行预测。假设 $\bar{y}_i$ 是公畜 i 的 n 个后代单次记录的平均值，并假设母畜间不相关。则公牛 i 的育种值为：

$$\hat{a}_i = b(\bar{y}_i - \mu)$$

式中：$b = \mathrm{cov}(a, \bar{y})/\mathrm{var}(\bar{y})$

$$\mathrm{cov}(a, \bar{y}) = \mathrm{cov}(a, \frac{1}{2}a_s + \frac{1}{2}a_d + \sum e/n)$$

这里，a_s 和 a_d 分别表示公牛和母牛即个体 i 的两个亲本的育种值。

（四）基于系谱估计育种值

当个体还没有生产性能记录时，其育种值可通过亲本的评定结果进行预测。后代的育种值为：

$$\hat{a}_o = (\hat{a}_s + \hat{a}_d)/2$$

令 $f = (\hat{a}_s + \hat{a}_d)/2$，育种值估计的精确性为：

$$r_{\hat{a}_o, f} = \frac{\mathrm{cov}[a_o, \frac{1}{2}(\hat{a}_s + \hat{a}_d)]}{\sqrt{\sigma_a^2 \mathrm{var}[\frac{1}{2}(\hat{a}_s + \hat{a}_d)]}}$$

（五）基于相关性状估计育种值

一个性状的育种值可以根据与该性状有遗传相关的另外一个性状的表型值进行预测。假设 y 是个体 i 的一个性状的表型值，则有：

$$\mathrm{cov} = (a_x, a_y) = r_{a_{xy}} \sigma_{a_x} \sigma_{a_y}$$

最终计算的回归系数为 $b = r_{a_{xy}} \sigma_y \sigma_x h_x h_y / \sigma_y^2 = r_{a_{xy}} h_x h_y \sigma_x / \sigma_y$，该系数 b 取决于两个性状的遗传相关、各自的遗传力以及表型标准差。

二、BLUP方法

（一）BIUP的基本原理

BLUP的含义是最佳线性无偏预测。

设有如下的一般混合模型

$$y = Xb + Zu + e \tag{1}$$
$$\mathrm{E}(u) = 0，\mathrm{E}(e) = 0，\mathrm{E}(y) = Xb$$
$$\mathrm{var}(u) = G，\mathrm{var}(e) = R，\mathrm{cov}(u,\ e') = 0$$
$$\mathrm{var}(y) = ZGZ' + R = V，\mathrm{cov}(y,\ u') = ZG$$

式中：y 为观察值向量，b 为固定效应向量，u 为随机效应向量，e 为随机误差向量，X 和 Z 为 b 和 u 的关联矩阵。

需要对模型中固定效应 b 和随机效应 u 进行估计，对随机效应 u 的估计也称为预测。推导，可得

$$\hat{b} = (X'V^{-1}X)\ X'V^{-1}y \tag{2}$$

它就是 b 的广义最小二乘估计值，

$$\hat{u} = GZ'V^{-1}(y - X\hat{b}) \tag{3}$$

（二）动物模型BLUP

动物模型是指将动物个体本身的加性遗传效应（育种值）作为随机效应放在模型中。下面我们将对被考察性状有无重复观察值两种情形分别讨论动物模型 BLUP 方法。

1.无重复观察值时的动物模型BLUP　如果一个个体在所考虑的性状上只有一个观测值，且不考虑显性和上位效应，则该观测值通常可以用如下的模型来描述：

$$y = \sum_{j=1}^{r} b_j + a + e \tag{4}$$

式中：b_j 为第 j 个系统环境效应，一般做固定效应；a 为该个体的加性遗传效应，作为随机效应；e 为随机残差。

假如我们有 n 个个体的观察值，需要对 s 个个体估计育种值（$s>n$），则对这 n 个观察值可用如下的以矩阵表示的模型来描述：

$$y = Xb + Za + e \tag{5}$$

式中：y 为所有 n 个个体的观察值向量，b 为所有的固定效应向量，X 为 b 的关联矩阵，a 为 s 个个体的育种值向量，Z 为 a 的关联矩阵，可求第 i 个个体的育种值估计值的准确性为：

$$r_{a_i \hat{a}_i} = \frac{cov\ (a_i,\ \hat{a}_i)}{\sigma_{a_i} \sigma_{\hat{a}_i}} = \sqrt{\frac{\sigma_a^2 - d_{a_i} \sigma_e^2 / \sigma_a^2}{}} = \sqrt{1 - d_{a_i} k} \tag{6}$$

其中 d_{a_i} 为 C^{XZ} 中与个体 i 对应的对角线元素。

通常将 $r_{a_i \hat{a}_i}$ 的平方 $r_{a_i \hat{a}_i}^2$ 称为育种值估计值的可靠性。

2.有重复观察值时的动物模型BLUP　当个体在所考虑的性状上有重复观测值，个体的一个观测值 y 可剖分为

$$y = \sum_{j=1}^{r} b_j + a + p + e \tag{7}$$

其中 p 为随机永久性环境效应，可得相应的混合模型方程组为

$$\begin{bmatrix} X'X & X'Z_1 & X'Z_2 \\ Z_1'X & Z_1'Z_1 + A^{-1}k_1 & Z_1'Z_2 \\ Z_2'X & Z_2'Z_1 & Z_2'Z_2 + Ik_2 \end{bmatrix} \begin{bmatrix} \hat{b} \\ \hat{a} \\ \hat{p} \end{bmatrix} = \begin{bmatrix} X'y \\ Z_1'y \\ Z_2'y \end{bmatrix} \qquad (8)$$

其中

$$k_1 = \sigma_e^2/\sigma_a^2 = (1-r)/h^2$$
$$k_2 = \sigma_e^2/\sigma_p^2 = (1-r)/(r-h^2)$$
$$r = \sigma_a^2 + \sigma_p^2/\sigma_y^2 = 重复力$$
$$h^2 = \sigma_a^2/\sigma_y^2 = 遗传力$$

（三）其他模型下的BLUP

BLUP原则上可用于任何的混合模型（包括随机模型）。但无论从统计学还是遗传育种学的观点看，动物模型都要优于其他模型。随着计算机技术和计算方法的日益完善，其他模型在育种实践中逐渐被淘汰，而动物模型的应用则越来越广泛。

第三节　基因组育种值评估

肉牛全基因组选择是指利用覆盖全基因组的遗传标记信息计算个体的基因组育种值进行遗传评估的过程，并通过基因组育种值选择留种的一种方法。具体来讲，就是利用参考群体(包含表型信息和基因型信息)估计每一个标记对个体生产性能的贡献大小。最后，利用标记效应估计值计算候选群体(具有基因型标记)的基因组育种值，进而选择优秀种畜用于繁殖下一代。

肉牛基因组选择的基本流程是首先构建一定规模的参考群体，利用参考群体中个体的表型和基因组标记基因型信息估计每个标记对选择性状的效应值，然后在候选群体中测得候选个体的基因组基因型，依据每个位点的基因型和参考群体估计的标记效应获得个体的基因组育种值。基本流程如图7-1所示。

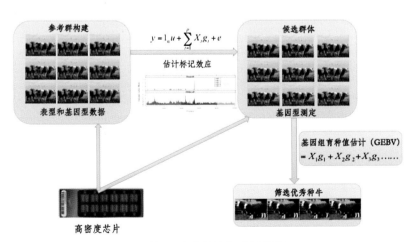

图7-1　肉牛基因组选择流程

一、计算方法

全基因组选择的计算模型分为两种：

（1）直接估计育种值的模型（Breeding Value Model，BVM），包括GBLUP方法和一步法（ssGBLUP），这些方法是利用SNP标记或系谱信息与SNP信息的综合信息计算个体间的关系矩阵，进而估计个体的育种值。

直接估计基因组育种值是在传统BLUP估计育种值的基础上发展而来的，它是用SNP标记构建个体间的关系矩阵（G矩阵或H矩阵）来代替用系谱构建的分子血缘关系矩阵（Numerator Relationship Matrix，A矩阵），实现基因组育种值的直接估计。其模型如下所示：

$$y = Xb + Za + e$$

式中：y是表型值向量，X和Z是关联阵，b是固定效应向量，a是随机加性遗传效应向量，e是随机残差向量。

（2）标记效应模型（Marker Effect Model，MEM）即先在参考群体中估计全基因组中每一个SNP标记的效应值，估计标记效应值的方法主要包括RRBLUP方法，贝叶斯回归方法（Bayesian Regression Methods）如BayesA、BayesB、BayesCπ和BayesR等。

标记效应模型估计标记效应均符合一个通用的线性模型，如下所示：

$$y = Xb + \sum_{j=1}^{m} Z_j \alpha_j + e$$

式中：y是表型向量，b是固定效应向量，α_j是第j个标记的效应值，m是总的标记数，X和Z为关联矩阵，e是随机残差效应向量，e的方差为$\sigma_e^2 I$，标记效应α_j的效应方差为σ_j^2。

从模型中求解得到标记效应α的估计量，则个体i的基因组育种值

$$gEBV_i = \sum Z_{ij} \alpha_j$$

式中：$gEBV_i$是个体i的基因组育种值，Z_{ij}是指个体i在位点j的基因型，α_j是位点j的效应值。

直接估计基因组育种值和标记效应模型，在应用过程中各有优缺点，以16届QTL-MAS公共数据集为例，比较不同计算方法在计算速度和准确性方面的差异，如表7-2所示，贝叶斯方法的准确性更高，但计算速度却低于GBLUP方法。结合我国肉牛基因组选择参考群的实际情况，如资源群体较小，肉牛芯片一律采用770K高密度芯片，利用贝叶斯方法可以获得更高的准确性。

表7-2　不同模型模拟数据的预测准确性比较

模型	算法	预测个体数	性状1	计算时间（秒）	性状2	计算时间（秒）	性状3	计算时间（秒）
直接法	GBLUP	1 000	0.731	7	0.771	6	0.758	6
	ssGBLUP	1 000	0.732	16	0.771	14	0.758	14
间接法	BayesB	1 000	0.795	6 710	0.827	8 977	0.673	8 931
	BayesC	1 000	0.79	7 967	0.825	8 889	0.825	8 721
	BayesLASSO	1 000	0.761	10 636	0.806	11 068	0.797	10 874
	BayesR	1 000	0.796	2 816	0.832	2 571	0.832	2 663

注：数据来源于第16届QTL-MAS Workshop。

二、基因组选择的优势

我国现行的肉牛群体改良主要是以人工授精技术为主导的繁育体系，每头公牛每年可配种近万头母牛，公牛选择对群体遗传改良至关重要。通过后裔测定选育种牛，虽然准确性高，但存在选择周期长、成本高、效率低等缺点。而全基因组选择技术可以实现对种牛早期选择，进而缩短世代间隔，加快遗传进展，并显著降低育种成本。特别是在我国肉牛育种性能测定与数据收集体系均不完善的情况下，该技术极具优势：

1.早期选择准确率高。利用高密度标记能同时估计所有QTL的效应，而且它们能解释绝大部分影响性状的遗传方差，所以选择准确性比标记辅助选择高。

2.缩短世代间隔、提高肉牛年遗传进展、降低生产成本等。

3.对利用传统选择方法准确性低的低遗传力性状，如繁殖和肉质性状，以及难以测定的性状如胴体性状，基因组选择的选择效率更高。

4.在提高种群遗传进展前提下，还能降低群体近交增量。

三、影响基因组选择准确性的因素

基因组育种值估计准确性受群体样本量、性状遗传力等多方面因素影响。群体样本量增加，基因组育种值估计值的偏差和方差随之减小，参考群体和验证群体个体间的亲缘关系也可能增加，进而提高基因组育种值估计准确性。另外，在表型记录一定的基础上，性状的遗传力越高，基因组育种值估计的准确性也越高，且需要的群体样本量比低遗传力性状要少。如图7-2所示，对于一个遗传力为0.2的性状而言，群体规模达到5 000时，其基因组育种值估计准确性为0.6，当群体规模达到18 000时，准确性提高到0.8；同样基于6 000头的群体量，对于遗传力为0.2的性状，其准确性为0.6，而对于遗传力超过0.4的性状，其准确性可能达到0.8。

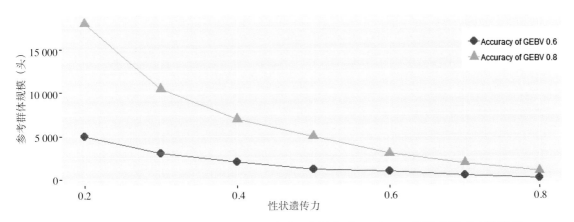

图7-2　不同遗传力性状，基因组育种值估计准确性达到0.6或0.8时所需要的参考群数量

第四节　我国肉牛遗传评估进展

我国肉牛的遗传评估工作起步相对较晚。20世纪70年代起主要应用于肉牛新品种培育,利用综合选择指数法和最佳线性无偏估计预测法对个体进行遗传评估。21世纪初期,开始构建我国第一个肉牛参考群体,开启了我国肉牛基因组选择进程。

（一）肉用种公牛遗传评估

根据国内肉用种公牛育种数据的实际情况,选取6～12月龄日增重、13～18月龄日增重和19～24月龄日增重和体型外貌评分4个性状进行遗传评估,各性状估计育种值经标准化后,按30：30：20：20的比例加权,得到中国肉牛选择指数（China Beef Index,CBI）。

1.遗传评估方法　应用动物模型BLUP法,借助于ASReml 3.0软件包进行评估。

2.遗传评估模型　采用单性状动物模型最佳线性无偏估计法估计个体育种值,4个性状育种值估计模型如下:

$$y_{ijklm} = u + Ststion_i + Source_j + Year_k + Breed_l + a_{ijklm} + e_{ijklm}$$

式中:y_{ijklm}是个体生长性能的观察值;u是总平均数;$Ststion_i$是现所属场站固定效应;$Source_j$是出生地固定效应;$Year_k$是出生年固定效应;$Breed_l$是品种固定效应;a_{ijklm}是个体的随机遗传效应,服从（0,$A\sigma_a^2$）分布,A指个体间亲缘关系矩阵;e_{ijklm}是随机剩余效应,服从（0,$I\sigma_e^2$）分布。

3.中国肉牛选择指数

$$CBI = 100 + 20 \times \frac{Score}{S_{Score}} + 30 \times \frac{DG_{6-12}}{S_{DG_{6-12}}} + 30 \times \frac{DG_{13-18}}{S_{DG_{13-18}}} + 20 \times \frac{DG_{19-24}}{S_{DG_{19-24}}}$$

式中:$Score$是体型外貌评分的育种值,S_{Score}是体型外貌评分遗传方差的标准差,DG_{6-12}是6～12月龄日增重的育种值,$S_{DG_{6-12}}$是6～12月龄日增重遗传方差的标准差,DG_{13-18}是13～18月龄遗传方差的育种值,$S_{DG_{13-18}}$是13～18月龄日增重遗传方差的标准差,DG_{19-24}是19～24月龄日增重的育种值,$S_{DG_{19-24}}$是19～24月龄日增重遗传方差的标准差。

4.遗传评估准确性评价　可靠性（r^2）是评价遗传评估准确性的指标。计算公式如下:

$$r^2 = 1 - \frac{S_e^2}{(1+F)\,V_a}$$

式中:S_e^2是估计误差方差,F是近交系数,V_a是加性遗传方差。r^2取值越大说明估计结果越准确。

（二）乳肉兼用种公牛遗传评估

根据国内兼用种公牛育种数据的实际情况,直接利用6～12月龄日增重、13～18月龄日增重、19～24月龄日增重、体型外貌评分4个肉用性状和4%乳脂率校正奶量（FCM）进行遗传评估,FCM估计育种值经标准化后,CBI和FCM按60：40的比例加权,得到中国兼用牛总性能指数（Total Performance Index,TPI）。

1.4%乳脂率校正奶量计算方法　4%乳脂率校正奶量计算公式:

$$FCM = M \times (0.4 + 15 \times F)$$

式中:FCM是4%乳脂率校正乳量;M是各胎次公牛母亲校正产奶量（单位:千克）;

F是乳脂率。

将不同胎次产奶量统一校正到4胎。

不同胎次产奶量校正系数见表7-3

表7-3 不同胎次产奶量校正系数

胎次	1	2	3	4	5
系数	1.241 9	1.091 3	1.007 0		0.983 0

2.遗传评估方法 应用动物模型BLUP法，借助于ASReml3.0软件包进行评估。

3.遗传评估模型 4%乳脂率校正奶量（FCM）采用单性状动物模型最佳线性无偏估计法估计个体育种值，性状育种值估计模型如下：

$$y_{ijklm} = u + Station_i + Source_j + Year_k + Breed_l + a_{ijklm} + e_{ijklm}$$

式中：y_{ijklm}是个体生长性能的观察值；u是总平均数；$Station_i$是现所属场站固定效应；$Source_j$是出生地固定效应；$Year_k$是出生年固定效应；$Breed_l$是品种固定效应；a_{ijklm}是个体的随机遗传效应，服从（0，$A\sigma_a^2$）分布，A指个体间亲缘关系矩阵；e_{ijklm}是随机剩余效应，服从（0，$I\sigma_e^2$）分布。

4.中国兼用牛总性能指数

$$TPI = 100 + 60 \times (CBI - 100)/100 + 40 \times \frac{FCM}{S_{FCM}}/100$$

式中：CBI是中国肉牛选择指数，FCM是4%乳脂率校正奶量的育种值，S_{FCM}是4%乳脂率校正奶量遗传方差的标准差。

5.遗传评估准确性评价 可靠性（r^2）是评价遗传评估准确性的指标。计算公式如下：

$$r^2 = 1 - \frac{S_e^2}{(1+F)V_a}$$

式中：S_e^2是估计误差方差，F是近交系数，V_a是加性遗传方差。r^2取值越大说明估计结果越准确。

（三）我国肉牛基因组研究进展

目前，我国已经建立了肉牛参考群体，包括西门塔尔牛、和牛和三河牛，共测定了生长发育、育肥、屠宰、胴体、肉质、繁殖等6类87个重要经济性状表型数据及770K的基因型数据，这为我国全面实施肉牛全基因组选择奠定了基础。

1.参考群体 中国农业科学院北京畜牧兽医研究所在内蒙古锡林郭勒盟乌拉盖管理区构建西门塔尔牛资源群体，按照统一的饲养管理方法进行集中育肥、屠宰，获取表型数据。当集中育肥6个月时，对牛只进行静脉采血，提取DNA，所有个体均使用Illumina BovineHD（770K）高密度SNP芯片获取SNP数据，包含生长发育、屠宰、胴体和肉质共计87个重要经济性状。繁殖性状数据收集主要来源于内蒙古奥科斯有限公司和湖北汉江牛业有限公司的繁殖母牛群体。根据国内肉牛育种数据的实际情况，选取断奶重、育肥期日增重、胴体重、屠宰率和产犊难易度共5个主要性状进行基因组遗传评估。各性状的基本统计量及基因组育种值估计准确性如表7-4所示。

表7-4 各性状基本统计量及基因组育种值估计准确性

性状	个数（头）	平均值	标准差	基因组育种值估计准确性
断奶重（千克）	1 191	163.25	57.32	0.518
育肥期日增重（千克）	1 312	0.97	0.22	0.539
胴体重（千克）	1 325	276.33	48.53	0.555
屠宰率（%）	1 321	54	3	0.433
产犊难易度(1，2胎)	1 081	1.33	0.49	0.487

注：基因组育种值估计准确性的评估是通过采用肉牛数量性状基因组选择BayesB计算软件V1.0进行5倍交叉验证获得。

2.基因组估计育种值（GEBV）及GCBI的计算

（1）基因组估计育种值（GEBV）的计算：将原始芯片数据导入GenomeStudio软件(参考基因组UMD3.1)进行质量控制。利用高质量SNP基因分型数据，根据参考群中SNP位点的所在染色体位置，抽取与之对应的SNP位点。

根据参考群估计的各性状SNP位点效应值，将预估个体的基因型向量与位点效应值向量相乘（$\sum_{i=1}^{n} Z_i g_i$），即可得到每个个体的各性状基因组估计育种值。

（2）GCBI的计算：根据国内肉牛育种数据的实际情况，直接利用断奶重、育肥期日增重、胴体重、屠宰率和产犊难易度共5个主要性状进行基因组遗传评估，基因组估计育种值经标准化后，通过适当的加权，得到中国肉牛基因组选择指数（Genomic China beef index，GCBI），具体计算公式如下：

$$GCBI = 100 + (-5 \times \frac{Gebv_{CE}}{1.30} + 35 \times \frac{Gebv_{WWT}}{17.7} + 20 \times \frac{Gebv_{DG.F}}{0.11}$$
$$+ 25 \times \frac{Gebv_{cw}}{16.4} + 15 \times \frac{Gebv_{DP}}{0.13})$$

式中：$Gebv_{CE}$ 产犊难易度基因组估计育种值；$Gebv_{WWT}$ 断奶重基因组估计育种值；$Gebv_{DG.F}$育肥期日增重基因组估计育种值；$Gebv_{cw}$胴体重基因组估计育种值；$Gebv_{DP}$屠宰率基因组估计育种值。

主要参考文献

陈幼春, 2012. 现代肉牛生产: 2 版 [M]. 北京: 中国农业出版社.

陈幼春, 2007. 西门塔尔牛的中国化 [M]. 北京: 中国农业科学技术出版社.

李建明, 等, 2010. 河北省奶牛品种登记现状与展望 [C]. 首届中国奶业大会论文集: 242-243.

李角声, 1981. 英国的肉牛业 [J]. 国外畜牧学 (草食家畜), (4):1-7.

梁春梅, 等, 2018. 生乳体细胞检测试剂盒方法与现有方法的比较 [J]. 中国乳品工业, 46 (6):43-45.

刘海良, 2015. 种公牛培育技术手册 [M]. 北京: 中国农业出版社.

刘致臻, 常智杰, 罗军, 1993. 加拿大的肉牛业 [J]. 黄牛杂志, (2):84-86.

邱怀, 1999. 秦川牛选育工作的过去、现在和未来 [J]. 黄牛杂志, (25):1-6.

日本肉用牛研究会, 2015. 肉用牛の科学 [M]. 东京: 养贤堂.

盛志廉, 陈瑶生, 1999. 数量遗传学 [M]. 北京: 科学出版社.

史夏彬, 1994. 日本荷斯坦牛登记制度 [J]. 中国奶牛, (4):57-59.

王根林, 2006. 养牛学: 2 版 [M]. 北京: 中国农业出版社.

徐化, 2014. 乳用牛常用的编号和标记方法 [J]. 养殖技术顾问, (3):28.

张录荣, 1982. 美国的肉牛饲养和性能评定 [J]. 国外畜牧学 (草食家畜), (5):21-23.

张沅, 2001. 家畜育种学 [M]. 北京: 中国农业出版社.

张沅, 张勤, 1993. 动物育种中的线性模型 [M]. 北京: 北京农业大学出版社.

中国良种黄牛育种委员会秘书处, 1995. 中国良种黄牛育种委员会二十年工作报告 [J]. 黄牛杂志, (76):1-8.

中国农业百科全书总编辑委员会, 等, 1996. 中国农业百科全书-畜牧业卷 (下) [M]. 北京: 农业出版社.

周光宏, 等, 2010. 牛肉等级规格 NY/T 676-2010 [S].

周贵, 李淑琴, 张绍清, 1999. 应用肉牛体况评分方法研究繁殖母牛的生产性能 [J]. 中国草食动物, (04):45-47.

全国和牛登录协会, 2009. 種雄牛の各種検定方法改正について--検定法改正に伴う事務要領 (平成21年度版) [M]. 京都.

Bolormaa, S., J.E. Pryce, K. Kemper, et al, 2013. Accuracy of prediction of genomic breeding values for residual feed intake and carcass and meat quality traits in Bos taurus, Bos indicus, and composite beef cattle [J]. J Anim Sci, 91:3088-3104.

Chen, L., M. Vinsky, C. Li, 2014. Accuracy of predicting genomic breeding values for carcass merit traits in Angus and Charolais beef cattle [J]. Anim Genet, 46:55-59.

Fernandes Junior, G.A., G.J. Rosa, et al., 2016. Genomic prediction of breeding values for carcass traits in Nellore cattle [J]. Genet Sel Evol, 48:7.

Guo P, B. Zhu, H. Niu, et al, 2018. Fast genomic prediction of breeding values using parallel Markov chain Monte Carlowith convergence diagnosis [J]. BMC Bioinformatics, 19 (1) :3.

Niu H., B. Zhu, P. Guo, et al, 2016. Estimation of linkage disequilibrium levels and haplotype block structure in Chinese Simmental and Wagyu beef cattle using high-density genotypes [J]. Livestock Science, 190:1-9.

Meuwissen T.H., B.J. Hayes, M.E. Goddard, 2001. Prediction of total genetic value using genome-wide dense marker maps [J]. Genetics, 157:1819-1829.

Mehrban H., D.H. Lee, M.H. Moradi, et al, 2017. Predictive performance of genomic selection methods for carcass traits in Hanwoo beef cattle: impacts of the genetic architecture [J]. Genet Sel Evol, 49(1):1.

Neves, H.H., R. Carvalheiro, A.M. O'Brien, et al, 2014. Accuracy of genomic predictions in Bos indicus (Nellore) cattle [J]. Genet Sel Evol, 46:17.

Ogino A, T. Komatsu, N. Shoji, et al, 2014. Genomic prediction in Japanese Black cattle: application of a single-step approach to beef cattle [J]. Journal of animal science, 92(5):1931-8.

Saatchi, M., M.C. McClure, S.D. McKay, et al., 2011. Accuracies of genomic breeding values in American Angus beef cattle using K-means clustering for cross-validation [J]. Genet Sel Evol, 43:40.

Saatchi, M., R.D. Schnabel, M.M. Rolf, et al, 2012. Accuracy of direct genomic breeding values for nationally evaluated traits in US Limousin and Simmental beef cattle [J]. Genet Sel Evol, 44:38.

Zhu B, M. Zhu, J. Jiang, et al, 2016. The Impact of Variable Degrees of Freedom and Scale Parameters in Bayesian Methods for Genomic Prediction in Chinese Simmental Beef Cattle [J]. Plos One, 11(5):e0154118.